# 建筑工程设计与施工

郑慧君　徐瑞先　杜岳秋　著

延边大学出版社

**图书在版编目（CIP）数据**

建筑工程设计与施工 / 郑慧君，徐瑞先，杜岳秋著
. -- 延吉 ： 延边大学出版社，2022.8
ISBN 978-7-230-03710-5

Ⅰ. ①建… Ⅱ. ①郑… ②徐… ③杜… Ⅲ. ①建筑设计②建筑施工 Ⅳ. ①TU2②TU7

中国版本图书馆 CIP 数据核字(2022)第 149953 号

**建筑工程设计与施工**

---

著　　者：郑慧君　徐瑞先　杜岳秋
责任编辑：乔双莹
封面设计：李金艳
出版发行：延边大学出版社
社　　址：吉林省延吉市公园路 977 号　　邮　　编：133002
网　　址：http://www.ydcbs.com　　E-mail：ydcbs@ydcbs.com
电　　话：0433-2732435　　传　　真：0433-2732434
印　　刷：天津市天玺印务有限公司
开　　本：710×1000　1/16
印　　张：13
字　　数：200 千字
版　　次：2022 年 8 月 第 1 版
印　　次：2024 年 3 月 第 2 次印刷
书　　号：ISBN 978-7-230-03710-5

---

定价：68.00 元

# 前　　言

建筑施工是一门涵盖多学科的综合性技术，其涉及内容十分广泛，施工对象千变万化，新技术、新工艺、新材料等层出不穷，与许多学科交叉渗透。凡处理一个施工技术和质量问题，使用一种建筑材料，制订一项施工方案，开发一项新工艺，应用一台新机械，施工一种新结构，往往都要应用许多方面的专业知识才能做到融会贯通，收到预期的效果。

工程质量的优劣，工期的长短，经济效益的好坏，无不与建筑施工技术水平和管理能力相关，特别是当前国内的高层、复杂、多功能建筑日益增多，这对建筑施工技术提出了越来越高的要求。建筑施工新技术的发展，不仅解决了用传统的施工方法难以解决的很多复杂的技术问题，而且在提高工程质量、加快施工进度、提高生产效率、降低工程成本等方面均起到十分重要的作用。因此，了解和掌握现代施工技术，并在工程中加以应用和创新，是当代建筑工程技术人员应具备的重要素质。

本书在内容编排上严格遵循高等教育教学改革的思路，深度结合了高等职业教育培养应用型人才的要求。本书共六章，第一章主要介绍了建筑工程设计的相关概念；第二章论述了建筑工程施工的基本原理；第三章对地基基础施工技术、主体结构施工技术、装饰装修施工技术等建筑工程施工技术进行了介绍；第四章对建筑工程绿色施工的组织与管理展开了研究；第五章探讨了建筑工程施工项目施工质量控制；第六章分析了建筑工程施工项目施工质量验收。

本书虽久经推敲，但限于专业水平和实践经验，书中仍然难免有疏漏之处，恳请广大读者指正。

笔者

2022 年 6 月

# 目　录

# 第一章　建筑工程设计的相关概念

## 第一节　认识建筑设计

一项建筑工程，从拟定计划到建成使用，通常需要经历计划审批、基地选定、征用土地、勘测设计、施工安装、竣工验收、交付使用等步骤。这就是一般所说的“基本建设程序”。

由于建筑工程具有工程复杂、工种多、材料消耗量大、工期长等特点，在建设过程中需要多方面协调配合。因此，建筑物在建造之前，按照建设任务的要求，对在施工过程中和建成后的使用过程中可能发生的矛盾和问题，要事先做好通盘的考虑，拟定出切实可行的实施方案，并用图纸和文件将其具体化，并作为施工的依据——这是一项十分重要的工作。这一工作过程，通常称为“建筑工程设计”。

一项经过周密考虑的设计，不仅能为施工过程中备料和工种配合提供依据，而且可以使工程在建成之后，发挥出良好的社会效益、经济效益和环境效益。因此，有人说设计是工程的灵魂。

在科技日益发达的今天，建筑所包含的内容日益复杂，与建筑相关的学科也越来越多。一项建筑工程的设计工作，常常涉及建筑、结构、给水、排水、暖气通风、电气、煤气、消防、自动控制等学科。因此，一项建筑工程设计，需要多个工种分工协作才能完成。

目前，我国的建筑工程设计通常由建筑设计、结构设计、设备设计三个专业工种组成。

建筑设计的任务主要有以下几项。

①合理安排建筑内部的各种使用功能和使用空间。

②协调建筑与周围环境、各种外部条件的关系。

③解决建筑内外空间的造型问题。

④采取合理的技术措施，选择合适的建筑材料。

⑤综合协调与各种设备相关的技术问题。

总之，建筑设计要全面考虑环境、功能、技术、艺术等方面的问题，可以说其是建筑工程的战略决策，是其他工种设计的基础。要做好建筑设计，除遵循建筑工程本身的规律外，还必须认真贯彻国家的方针、政策。只有这样，才能使所设计的建筑物达到适用、经济、坚固、美观的要求。

## 第二节　建筑设计的内容和过程

### 一、建筑设计的内容

由于建造房屋是一个较为复杂的物质生产过程，影响房屋设计和建造的因素有很多，因此必须在施工前有一个完整的设计方案，综合考虑多种因素，编制出一整套设计施工图纸和文件。实践证明，遵循必要的设计程序、充分做好设计前的准备工作、划分必要的设计阶段，对提高建筑物的质量是极为重要的。

房屋的设计，一般包括建筑设计、结构设计和设备设计等内容，它们之间既有分工，又相互密切配合。由于建筑设计是建筑功能、工程技术和建筑艺术的综合，因此它必须综合考虑建筑、结构、设备等工种的要求，以及这些工程的相互联系和制约。设计人员必须贯彻执行建筑方针和政策，正确理解建筑标准，重视调查研究和群众路线的工作方法。建筑设计还和城市建设、建筑施工、材料供应以及环境保护等部门的关系极为密切。

## 二、建筑设计的过程及成果

建筑设计过程也就是学习和贯彻方针政策，不断进行调查研究，合理解决建筑物的功能、技术、经济和美观等问题的过程。建筑设计一般分为初步设计和施工图设计两个阶段，对于大型的、比较复杂的工程，也有采用三个设计阶段的，即在两个设计阶段之间，还有一个技术设计阶段，用来深入解决各工种之间的协调等技术问题。

各个设计阶段的具体工作及工作成果大致如下。

### （一）设计前的准备工作

#### 1.熟悉设计任务书

具体着手设计前，首先需要熟悉设计任务书，以明确建设项目的设计要求。设计任务书的内容主要有以下几点。

①建设项目总的要求和建造目的的说明。

②建筑物的具体使用要求、建筑面积以及各类用途房间之间的面积分配。

③建设项目的总投资和单方造价，并说明土建费用、房屋设备费用以及道路等室外设施费用情况。

④建设基地的范围、大小，周围原有建筑、道路、地段环境的描述，并附上地形测量图。

⑤供电、供水和采暖等设备方面的要求，并附有水源、电源的使用许可文件。

⑥设计期限和项目的建设进程要求。

设计人员应对照有关定额指标，校核任务书中单方造价、房间使用面积等内容。在设计过程中必须严格按照建筑标准、用地范围、面积指标等有关限额执行。如果需要对任务书的内容做出补充或修改，须征得建设单位的同意。涉及用地、造价、使用面积的，还须经城建部门或主管部门批准。

2.收集必要的设计原始数据

通常建设单位提出的设计任务，主要是从使用要求、建设规模、造价和建设进度方面考虑的。房屋的设计和建造，还需要收集下列相关原始数据和设计资料。

①气象资料。所在地区的温度、湿度、日照、雨雪、风向和风速，以及冻土深度等。

②基地地形及地质水文资料。基地地形标高、土壤种类及承载力、地下水位以及地震烈度等。

③水电等设备管线资料。基地地下的给水、排水、电缆等管线布置以及基地上的架空线等供电线路情况。

④与设计项目有关的定额指标。如住宅的每户面积或每人面积定额，学校教室的面积定额以及建筑用地、用材等指标。

### 3.对相关内容进行调查研究

①建筑物的使用要求。与使用单位中有实践经验的人员深入交流，认真调查同类已建房屋的实际使用情况，通过分析和总结，对所设计房屋的使用要求做到心中有数。

②建筑材料供应和结构施工等技术条件。了解设计房屋所在地区建筑材料供应的品种、规格、价格，预制混凝土制品以及门窗的种类和规格，新型建筑材料的性能、价格以及使用的可能性等。结合房屋使用要求和建筑空间组合的特点，了解并分析不同结构方案的选型，当地施工技术和起重、运输等设备条件。

③基地踏勘。根据城建部门所划定的设计房屋基地的图纸进行现场踏勘，深入了解基地和周围环境的现状及历史沿革，核对已有资料与基地现状是否符合，如有出入应给予补充或修正。从基地的地形、方位、面积和形状等条件以及基地周围原有建筑、道路、绿化等多个方面，考虑拟建建筑物的位置和总平面布局的可能性。

④当地传统建筑经验和生活习惯。传统建筑中有许多结合当地地理、气候条件的设计布局和创作经验，根据拟建建筑物的具体情况，可以“取其精华”，以资借鉴。

### 4.学习有关方针政策以及同类型设计的文字、图纸资料

在设计准备过程以及各个阶段，设计人员都需要认真学习并贯彻有关建设方针和政策，同时也需要学习并分析有关设计项目的图纸、文字资料等。

## （二）初步设计阶段

初步设计是建筑设计的第一阶段，它的主要任务是提出设计方案，即在已定的基地范围内，按照设计任务书所确定的房屋使用要求，综合考虑技术经济

条件和建筑艺术方面的要求，提出设计方案。

初步设计的内容包括确定建筑物的组合方式，选定所用建筑材料和结构方案，确定建筑物在基地的位置，说明设计意图，分析设计方案在技术、经济上的合理性，并初步拟定概算书。初步设计阶段涉及的图纸和设计文件如下。

①建筑总平面图。其内容包括建筑物在基地上的位置、标高、道路、绿化以及基地上设施的布置和说明等，比例尺一般采用1∶500、1∶1 000、1∶2 000。

②各层平面及主要剖面、立面图。这些图纸应标出建筑物的主要尺寸，房间的面积、高度以及门窗位置，部分室内家具和设备的布置等，比例尺一般采用1∶500～1∶200。

③说明书。应对设计方案的主要意图、主要结构方案和构造特点，以及主要技术经济指标等进行说明。

④建筑概算书。

⑤根据设计任务的需要，可能辅以建筑透视图或建筑模型。

建筑初步设计有时需要提供几个方案，送甲方及有关部门审议、比较后确定设计方案，这一方案批准下达后，便成为下一阶段设计的依据文件。

### （三）技术设计阶段

技术设计是三阶段建筑设计的中间阶段，它的主要任务是在初步设计的基础上，进一步确定房屋建筑设计各工种之间的技术协调原则。

### （四）施工图设计阶段

施工图设计是建筑设计的最后阶段。它的主要任务是按照实际施工要求，在初步设计或技术设计的基础上，综合建筑、结构、设备各工种，相互交底核实，深入了解材料供应、施工技术、设备等条件，把满足工程施工的各项具体要求反映在图纸中，做到整套图纸齐全统一、明确无误。

施工图设计的内容包括：确定全部工程尺寸和用料，绘制建筑、结构、设备等全部施工图纸，编制工程说明书、结构计算书和预算书。

施工图设计的图纸及设计文件如下。

①建筑总平面图。比例尺一般为 1∶500，建筑基地范围较大时也可采用 1∶1 000 的比例尺；当采用 1∶2 000 的比例尺时，应详细标明基地上建筑物、道路、设施等所在位置的尺寸、标高，并进行说明。

②各层建筑平面、各个立面及必要的剖面图。比例尺一般采用 1∶100 或 1∶200。

③建筑构造节点详图。主要为檐口、墙身和各构件的连接点，楼梯、门窗以及各部分的装饰设计等，根据需要可采用 1∶1、1∶5、1∶10、1∶20 等规格的比例尺。

④各工种相应配套的施工图。如基础平面图和基础详图、楼板及屋面平面图和详图，结构施工图，给排水、电器照明以及暖气或空气调节等设备的施工图。

⑤建筑、结构及设备等的说明书。

⑥结构及设备的计算书。

⑦工程预算书。

# 第三节　建筑设计的一般要求和依据

## 一、建筑设计的一般要求

### （一）建筑标准化

建筑标准化是建筑工业化的组成部分之一。建筑标准化一般包括以下两项内容：其一是建筑设计方面的有关条例，如建筑法规、建筑设计规范、建筑标准等；其二是推广标准设计，包括构配件的标准设计、房屋的标准设计和工业化建筑体系设计等。

1.标准构件与标准配件

标准构件是房屋的受力构件，如楼板、梁、楼梯等；标准配件是房屋的非受力构件，如门窗、装修配饰等。标准构件与标准配件一般由国家或地方设计部门进行编制，供设计人员选用，同时也为加工生产单位提供依据。标准构件一般用“G”来表示；标准配件一般用“J”来表示。

2.标准设计

标准设计包括整个房屋的设计和标准单元的设计两个部分。标准设计一般由地方设计院进行编制，供建筑单位选择使用。整个房屋的标准设计一般只进行地上部分，地下部分的基础与地下室由设计单位根据当地的地质勘探资料另行出图。标准单元设计一般指平面图的一个组成部分，应用时一般将各部分进行拼接，形成一个完整的建筑组合体。标准设计在大量建造的房屋中应用比较普遍，如住宅等。

### 3.工业化建筑体系

为了适应建筑工业化的要求，除考虑将房屋的构配件及水电设备等进行定型外，还应对构件的生产、运输、施工现场吊装以及组织管理等一系列问题进行通盘设计，进行统一规划，这就形成了工业化建筑体系。

工业化建筑体系又分为以下两种。

①通用建筑体系。通用建筑体系以构配件定型为主，各体系之间的构件可以互换，灵活性较强。

②专用建筑体系。专用建筑体系以房屋定型为主，构配件不能进行互换。

## （二）建筑模数协调统一标准

要实现设计的标准化，就必须使不同的建筑物及各部分之间的尺寸协调统一。为此，我国在1973年颁布了《建筑统一模数制》（GBJ 2—1973）；在1986年对上述规范进行了修订、补充，更名为《建筑模数协调统一标准》（GBJ 2—86）；现已被《建筑模数协调标准》（GB/T 50002—2013）替代。

### 1.模数制

（1）基本模数

基本模数是建筑模数协调统一标准中的基本数值，用M表示，1 M=100 mm。

（2）扩大模数

扩大模数是导出模数的一种，其数值为基本模数的整数倍数。为了减少类型、统一规格，扩大模数按3 M（300 mm）、6 M（600 mm）、12 M（1 200 mm）、15 M（1 500 mm）、30 M（3 000 mm）、60 M（6 000 mm）进行扩大，共6种。

（3）分模数

分模数是导出模数的另一种形式，其数值为基本模数的分数值。为了满足细小尺寸的需要，分模数按1/2 M（50 mm）、1/5 M（20 mm）和1/10 M（10 mm）

取用。

### 2.三种尺寸

为了保证设计、构件生产、建筑制品等有关尺寸的统一与协调，必须明确标志尺寸、构造尺寸和实际尺寸的定义及其相互间的关系。

（1）标志尺寸

标志尺寸用以标注建筑物定位轴线之间的距离（如跨度、柱距、进深、开间、层高等），以及建筑制品、构配件、有关设备界限之间的尺寸。标志尺寸应符合模数数列的规定。

（2）构造尺寸

构造尺寸是建筑制品、构配件等生产的设计尺寸。该尺寸与标志尺寸有一定的差额。相邻两个构配件的尺寸差额之和就是缝隙。构造尺寸加上缝隙尺寸等于标志尺寸。缝隙尺寸也应符合模数数列的规定。

（3）实际尺寸

实际尺寸是建筑制品、构配件等的生产实有尺寸，这一尺寸因生产误差造成与设计的构造尺寸间有差值。不同尺度和精度要求的制品与构配件均各有其允许差值。

## 二、建筑设计的依据

建筑设计是房屋建造过程中的一个重要环节，其工作是将有关设计任务的文字资料转变为图纸。在这个过程中，还必须贯彻国家的建筑方针和政策，并使建筑与当地的自然条件相适应。因此，建筑设计是一个渐次进行的科学决策过程，必须有依据地进行。主要依据有以下几点。

## （一）资料性依据

建筑设计的资料性依据主要包括三个方面，即人体工程学、各种设计的规范、建筑模数制的有关规定。

## （二）条件性依据

建筑设计的条件性依据主要分为气候条件与地质条件两方面。

### 1.气候条件

气候条件对建筑物的设计有较大的影响。例如，在湿热地区，房屋设计要充分考虑隔热、通风和遮阳等问题；在干冷地区，通常趋向于把房屋的体型尽可能设计得紧凑一些，以减少外围护面的散热，有利于室内采暖、保温。

日照和主导风向通常是确定房屋朝向和间距的主要因素，风速是高层建筑、电视塔等设计中需要考虑的重要因素，雨雪量的多少对屋顶形式的选用和构造也有一定的影响。在设计前，需要收集当地上述有关的气象资料，作为设计的依据。

### 2.地质条件

基地地形的平缓或起伏，基地的地质构成、土壤特性和地基承载力的大小，对建筑物的平面组合、结构布置和建筑体型都有明显的影响。

地震烈度表示地面及房屋建筑遭受地震破坏的程度。在烈度 6 度以下的地区，地震对建筑物的损坏影响较小。在 9 度以上的地区，由于地震波过于强烈，从经济因素及耗用材料考虑，除特殊情况外，一般应尽可能避免在这些地区建设建筑物。

### （三）文件性依据

①主管部门有关建设任务使用要求、建筑面积、单方造价和总投资的批文，以及国家有关部、委或各省、市、地区规定的有关设计定额和指标。

②工程设计任务书：由建设单位根据使用要求，提出各种房间的用途、面积大小以及其他的一些要求。工程设计的具体内容、面积建筑标准等都需要和主管部门的批文相符合。

③城建部门同意设计的批文：内容包括用地范围（常用红线划定）以及有关城镇建设对拟建房屋的要求。

④委托设计工程项目表：建设单位根据有关批文向设计单位正式办理委托设计的手续。规模较大的工程还常采用投标方式，委托得标单位进行设计。

设计人员根据上述设计的有关文件，通过调查研究，收集必要的原始数据和勘测设计资料，综合考虑总体规划、基地环境、功能要求、结构施工、材料设备、建筑经济以及建筑艺术等方面的问题，进行设计并绘制成建筑图纸，编写主要设计意图说明书，其他工种也相应设计并绘制各类图纸，编制各工种的计算书、说明书以及概算和预算书。上述整套设计图纸和文件便成为建筑物施工的依据。

# 第四节　建筑物的分类

供人们生活、学习、工作、居住，以及从事生产和各种文化活动的房屋称为建筑物。其他如水池、水塔、支架、烟囱等间接为人们提供服务的设施称为构筑物。

建筑物的分类方法有很多种，大体可以从使用性质和特点、结构类型、施工方法、建筑层数（高度）、承重方式等几方面来进行区分。

## 一、按使用性质和特点分类

### （一）按使用性质分类

1.民用建筑

它包括居住建筑（住宅、宿舍等）和公共建筑（办公楼、影剧院、医院、体育馆、商场等）两大部分。

2.工业建筑

它包括生产车间、仓库和各种动力用房等。

3.农业建筑

它包括饲养、种植等生产用房和机械、种子等贮存用房。

### （二）按使用特点分类

1.大量性民用建筑

其中包括一般的居住建筑和公共建筑。如职工住宅、托儿所、幼儿园及中小学教学楼等。其特点是与人们的日常生活有直接关系，而且建筑量大、类型多，一般采用标准设计。

2.大型性公共建筑

这类建筑多建造于大中城市，是比较重要的公共建筑。如大型车站、机场候机楼、会堂、纪念馆、大型办公楼等。这类建筑使用要求比较复杂，建筑艺术要求也较高。因此，对这类建筑大都要求进行个别设计。

## 二、按结构类型分类

结构类型指的是房屋承重构件的结构类型，可分为如下几种。

### （一）砖木结构

这类房屋的主要承重构件是用砖、木做成的。其中竖向承重构件的墙体、柱子采用砖砌，水平承重构件的楼板、屋架采用木材搭建。这类房屋的层数较低，一般在 3 层及以下。

### （二）砌体结构

这类房屋的竖向承重构件是采用各种类型的砌体材料制作（如黏土实心砖、黏土多孔砖、混凝土空心小砌块等）的墙体和柱子，水平承重构件采用钢筋混凝土楼板、屋顶板制作，其中也有少量的屋顶采用木屋架制作。其中黏土实心砖墙体在 8 度抗震设防地区的允许建造层数为 6 层，允许建造高度为 18 m；钢筋混凝土空心小砌块墙体在 8 度抗震设防地区的允许建造层数为 6 层，允许建造高度为 18 m。

### （三）钢筋混凝土结构

这种结构一般采用钢筋混凝土柱、梁、板制作的骨架或钢筋混凝土制作的板墙作承重构件，而墙体等围护构件一般采用轻质材料制作。这类结构可以建多层（6 层及以下）或高层（10 层及以上）的住宅或高度在 24 m 以上的其他建筑。

### （四）钢结构

主要承重构件均用钢材制成，在高层民用建筑和跨度大的工业建筑中采用较多。

此外还有木结构、生土建筑、塑料建筑、充气塑料建筑等。

## 三、按施工方法分类

### （一）装配式

把房屋的主要承重构件，如墙体、楼板、楼梯、屋顶板均在加工厂制成预制构件，在施工现场进行吊装、焊接，并处理节点。这类房屋以大板、砌块、框架、盒子结构为代表。

### （二）现浇（现砌）式

这类房屋的主要承重构件均在施工现场用手工或机械浇筑和砌筑而成。它以滑升模板为代表。

### （三）部分现浇、部分装配式

这类房屋的施工特点是内墙采用现场浇筑，而外墙及楼板、楼梯均采用预制构件。这是一种混合施工的方法，主要用于建造大规模建筑。

### （四）部分现砌、部分装配式

这类房屋的施工特点是墙体采用现场砌筑，而楼板、楼梯、屋顶板均采用预制构件。这是一种既有现砌、又有预制的施工方法，以砌体结构为代表。

## 四、按建筑层数分类

按建筑层数分，建筑物大致有以下类型。

### （一）低层建筑

一般指 1 至 3 层的房屋。

### （二）多层建筑

一般指 4 至 6 层的房屋。多层建筑应用比较普遍。我国的中小城市以多层房屋为主，大城市中的多层房屋也占多数。

### （三）高层建筑

这类房屋的划分方法多以层数和高度为准。由于各国的经济情况、技术条件不同，划分方法也不一样。

## 五、按承重方式分类

通常，按建筑物结构的承重方式可以将建筑物划分为以下四种。

### （一）墙承重式

用墙体支承楼板及屋顶板承重。如砌体结构。

### （二）骨架承重式

用柱、梁、板组成的骨架承重，墙体只起围护和分隔作用。如框架结构。

### （三）内骨架承重式

内部采用柱、梁、板承重，外部采用砖墙承重。这种做法大多是为了在底层保留较大空间，如底层带商铺的住宅。

### （四）空间结构

采用空间网架、悬索、各种类型的壳体承重。如体育馆、展览馆等的屋顶。

# 第二章　建筑工程施工的基本原理

## 第一节　建筑产品与建筑工程施工的特点

建筑产品是指建筑企业通过施工活动生产出来的产品，它主要包括各种建筑物和构筑物。建筑产品与建筑工程施工的特点如下。

### 一、建筑产品的特点

#### （一）建筑产品的固定性

一般建筑产品均由基础和主体两部分组成。基础承受其全部荷载，并传给地基，同时将主体固定在地面上。任何建筑产品都是在选定的地点上建造和使用的，它在空间上是固定的。

#### （二）建筑产品的多样性

建筑产品不仅要满足复杂的使用功能方面的要求，它所具有的艺术价值还要体现出地方的或民族的风格等。同时，由于受到建造地点的自然条件等诸多因素的影响，建筑产品在规模、建筑形式、构造和装饰等方面具有多种差异。

可以说，世界上没有两个一模一样的建筑产品。

### （三）建筑产品的体积庞大性

无论是复杂还是简单的建筑产品，均是为构成人们生活和生产的活动空间，或满足某种使用功能而建造的。建造一个建筑产品需要大量的建筑材料、制品、构件和配件。因此，建筑产品与其他工业产品相比较，体积比较庞大。

## 二、建筑工程施工的特点

建筑产品本身的特点决定了建筑产品的施工过程具有以下特点。

### （一）建筑工程施工的流动性

建筑产品的固定性决定了建筑施工的流动性。在建筑产品的生产过程中，工人及其使用的材料和机具不仅要随着建筑产品建造地点的变化而流动，在同一建筑产品的施工中，还要随建筑产品建造部位的变化而移动施工的工作面。这给建筑工人的生活和生产带来很多不便，也是建筑工程施工区别于一般工业生产的重要不同点。

### （二）建筑工程施工的单件性及连续性

建筑产品地点的固定性和类型的多样性决定了产品生产的单件性。每个建筑产品应在选定的地点单独设计和施工。一般我们把建筑物分成基础工程、主体工程和装饰工程三部分，一个功能完善的建筑产品需要完成所有的施工步骤才能够投入使用。

另外，部分施工工艺要求不间断施工，这使得一些施工工作具有一定的连续性，例如混凝土的浇筑。

## （三）建筑工程施工的周期长及季节性

建筑产品的体积庞大性决定了其施工周期长，需要投入大量的劳动力、材料、机械设备等。与一般的工业产品比较，建筑工程的施工周期少则几个月，多则几年甚至几十年。这也使得整个建筑产品的建造过程受到风吹、雨淋、日晒等自然条件的影响，因此工程施工具有冬季施工、夏季施工和雨季施工等季节性施工的特点。

## （四）建筑工程施工的复杂性

建筑产品的特点决定了建筑施工的复杂性。一方面，建筑产品的固定性和体积庞大性决定了建筑施工多为露天作业，这必然使施工活动受自然条件的制约；另一方面，施工活动中还有大量的高空作业、地下作业，这使得建筑施工具有复杂性。这就要求相关单位提前做好准备，在施工前有一个全面的施工组织设计，提出相应的技术、组织、质量、安全、节约等保证措施，避免发生质量和安全事故。同时，由于建筑产品的建造时间长、地域差异、环境变化、政策变化、价格变化等因素使得建筑施工过程充满变数。另外，在整个建筑产品的施工过程中，参与的单位和部门繁多，项目管理者和主要负责人要与上至国家机关各部门的领导，下至施工现场的操作工人打交道，需要协调各种人际关系。

# 第二节　建筑施工组织设计

## 一、建筑施工组织设计的概念

建筑施工组织设计是以施工项目为对象编制的，用以指导施工的技术、经济和管理的综合性方案。

建筑施工组织设计的任务是对具体的拟建工程（建筑群或单个建筑物）的施工准备工作和整个施工过程，在人力和物力、时间和空间、技术和组织上作出一个全面且合理的计划和安排。

建筑施工组织设计为对拟建工程施工全过程进行科学管理提供了重要依据。通过建筑施工组织设计的编制，可以全面考虑拟建工程的各种具体条件，拟定合理的施工方案，确定施工顺序、施工方法、劳动组织和技术经济的组织措施，拟定施工进度计划，保证拟建工程按期投产或交付使用；也可以为拟建工程设计方案在经济上的合理性、技术上的科学性和实施工程上的可能性的论证提供依据；还可以为建设单位编制基本建设计划和施工企业编制施工计划提供依据。根据建筑施工组织设计，施工企业可以提前确定人力、材料和机具使用上的先后顺序，全面安排资源的供应与消耗，合理地确定临时设施的数量、规模和用途，以及临时设施、材料和机具在施工场地上的布置方案。

## 二、建筑施工组织设计的原则与依据

### （一）建筑施工组织设计的原则

①符合施工合同或招标文件中有关工程进度、质量、安全、环境保护、造价等方面的要求。

②积极开发、使用新技术和新工艺，推广应用新材料和新设备。

③坚持科学的施工程序和合理的施工顺序，采用流水施工和网络计划等方法，科学配置资源，合理布置现场，采取季节性施工措施，实现均衡施工，满足经济技术指标的要求。

④采取技术和管理措施，推广建筑节能和绿色施工。

⑤与质量、环境和职业健康安全三个管理体系有效结合。

### （二）建筑施工组织设计的依据

①与工程建设有关的法律、法规和文件。

②国家现行有关标准和技术经济指标。

③工程所在地区行政主管部门的批准文件，建设单位对施工的要求。

④工程施工合同或招标、投标文件。

⑤工程设计文件。

⑥工程施工范围内的现场条件，工程地质及水文地质、气象等自然条件。

⑦与工程有关的资源供应情况。

⑧施工企业的生产能力、机具设备状况、技术水平等。

## 三、建筑施工组织设计的作用和分类

### （一）建筑施工组织设计的作用

①建筑施工组织设计作为投标书的重要内容和合同文件的一部分，用于指导工程投标和签订施工合同。

②建筑施工组织设计是施工准备工作的重要组成部分，同时又是做好施工准备工作的依据。

③建筑施工组织设计是根据工程各种具体条件拟定的施工方案、施工顺序、劳动组织和技术组织措施等，是指导开展紧凑、有序施工活动的技术依据。它明确了施工重点和影响工期进度的关键施工过程，并提出了相应的技术、质量、安全等各项指标及技术组织措施，有利于提高综合效益。

④建筑施工组织设计所提出的各项资源需用量计划，可以直接为组织材料、机具、设备、劳动力需用量的供应和使用提供依据，协调各总包单位与分包单位，各工种，各类资源、资金等在施工程序、现场布置和使用上的关系。

⑤编制建筑施工组织设计，可以合理利用和安排为施工服务的各项临时设施，可以合理地部署施工现场，确保文明施工和安全施工。

⑥通过编制建筑施工组织设计，可以将工程的设计与施工、技术与经济、施工全局性规律和局部性规律、土建施工与设备安装、各部门及专业之间有机结合，统一协调。

⑦通过编制建筑施工组织设计，可以分析施工中的风险和矛盾，及时研究解决问题的对策、措施，从而提高施工的预见性，减少盲目性。

## （二）建筑施工组织设计的分类

建筑施工组织设计是一个总的概念，根据建设项目的类别、工程规模、编制阶段、编制对象和范围的不同，在编制的深度和广度上也会有所不同。

### 1.按编制阶段的不同分类

按编制阶段的不同，建筑施工组织设计可以分为不同的类型，具体如图2-1所示。

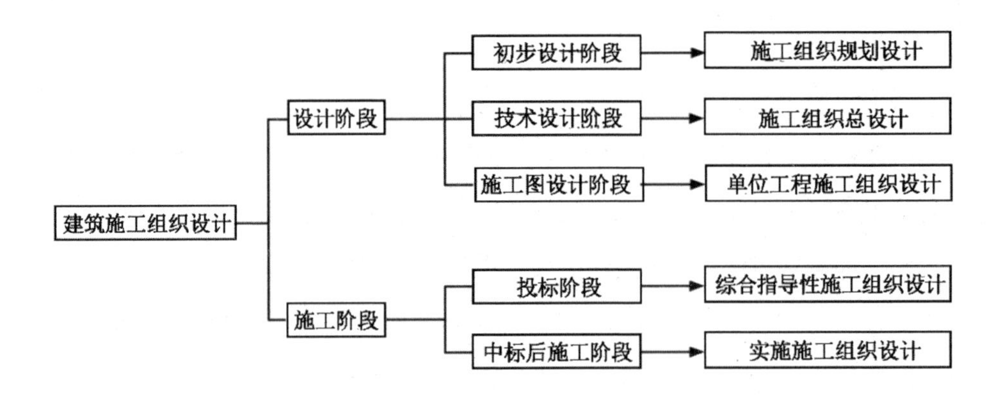


图2-1　建筑施工组织设计的分类

### 2.按编制对象范围的不同分类

建筑施工组织设计按编制对象范围的不同，可分为施工组织总设计、单位工程施工组织设计和分部分项工程施工组织设计三种。

施工组织总设计以一个建设项目或一个建筑群为对象进行编制，对整个建设工程施工过程的各项施工活动进行全面规划、统筹安排和战略部署，是全局性施工的技术经济文件。

单位工程施工组织设计是以一个单位工程为对象编制的，用于直接指导施工全过程的各项施工活动的技术经济文件。

分部分项工程施工组织设计（也叫分部分项工程作业设计）是以分部、分项工程为编制对象，用以具体控制其施工过程的各项施工活动的技术、经济和组织的综合性文件。一般对于工程规模大、技术复杂或施工难度大的建筑物或构筑物，在编制单位工程施工组织设计之后，常需对某些重要的又缺乏经验的分部、分项工程再深入编制施工组织设计。例如，深基础工程、大型结构安装工程、高层钢筋混凝土主体结构工程、地下防水工程等。

## 四、建筑施工组织设计编制的内容

### （一）施工组织总设计编制的内容

①建设项目的工程概况。

②全场性施工准备工作计划。

③施工部署及主要建筑物或构筑物的施工方案。

④施工总进度计划。

⑤各项资源需要量计划。

⑥全场性施工总平面图设计。

⑦各项技术经济指标。

### （二）单位工程施工组织设计编制的内容

①工程概况及其施工特点的分析。

②施工方案的选择。

③单位工程施工准备工作计划。

④单位工程施工进度计划。

⑤各项资源需要量计划。

⑥单位工程施工平面图设计。

⑦冬、雨季施工的技术组织措施。

⑧主要技术经济指标。

### （三）分部分项工程施工组织设计编制的内容

①分部分项工程概况及其施工特点的分析。

②施工方法及施工机械的选择。

③分部分项工程施工准备工作计划。

④分部分项工程施工进度计划。

⑤劳动力、材料和机具等需要量计划。

⑥质量、安全和节约等技术组织保证措施。

⑦作业区施工平面布置图设计。

# 第三节　建筑工程测量

## 一、建筑工程测量的任务

建筑工程测量属于工程测量学范畴，它是指建筑工程在勘察设计、施工建设和组织管理等阶段，相关人员应用测量仪器和工具，采用一定的测量技术和方法，根据工程施工进度和质量要求，完成应进行的各种测量工作的过程。

建筑工程测量的主要任务如下。

①大比例尺地形图的测绘。将工程建设区域内的各种地面物体的位置、性质及地面的起伏形态，依据规定的符号和比例尺绘制成地形图，为工程建设的规划设计提供必要的图纸和资料。

②施工放样和竣工测量。将图上设计的建（构）筑物按照设计的位置在实地标定出来，作为施工的依据；配合建筑施工，进行各种测量工作，保证施工质量；开展竣工测量，为工程验收、日后扩建和维修管理提供依据。

③建（构）筑物的变形观测。对一些大型的、重要的或位于不良地基上的建（构）筑物，在施工期间，为了确保安全，需要了解其稳定性，定期进行变形观测。同时，可作为对设计、地基、材料、施工方法等的验证依据，能起到提供基础研究资料的作用。

## 二、建筑工程测量的作用

建筑工程测量在工程建设中有着广泛的应用，它服务于工程建设的每一个阶段。

①在工程勘测阶段，测绘地形图为规划设计提供各种比例尺的地形图和测绘资料。

②在工程设计阶段，应用地形图进行总体规划和设计。

③在工程施工阶段，要将在图纸上设计好的建（构）筑物的平面位置和高程按设计要求落在实地，以此作为施工的依据；在施工中还要经常对施工和安装工作进行检验、校核，以保证所建工程符合设计要求；在工程竣工后，还要进行竣工测量，供日后扩建和维修之用。

④在工程管理阶段，对建（构）筑物进行变形观测，以保证工程的使用

安全。

总而言之，在工程建设的各个阶段都需要进行测量工作，并且测量的精度和速度直接影响着整个工程的质量和进度。

## 三、建筑工程测量的基本原则

无论是测绘地形图还是施工放样，都会不可避免地产生误差。如果从一个测站点开始，不加任何控制地依次逐点施测，前一点的误差将传递到后一点，逐点累积，点位误差将越来越大，最终会导致测量结果不准确，不符合施工标准的要求。另外，逐点传递的测量效率也很低。因此，测量工作必须按照一定的原则进行。

### （一）“从整体到局部，先控制后碎部”的原则

无论是测绘地形图还是施工放样，在测量过程中，为了减少误差的累积，保证测区内所测点的必要精度，首先应在测区选择一些有控制作用的点（称为控制点），将它们的坐标和高程精确测定出来，然后分别以这些控制点作为基点，测定出附近碎部点的位置。这样，不仅可以很好地防止误差的积累，还可以通过控制测量将测区划分为若干个小区，同时在几个工作面同时展开碎部点测定工作，加快测量速度。

### （二）“边工作边检核”的原则

测量工作一般分外业工作和内业工作两种。外业工作的内容包括应用测量仪器和工具在测区内所进行的各种测定和测设工作；内业工作是将外业观测的

结果加以整理、计算，并绘制成图以供使用，测量成果的质量取决于外业工作，但外业工作又要通过内业工作才能得出成果。

为了防止出现错误，无论外业工作还是内业工作，都必须坚持“边工作边检核”的原则，即每一步工作均应进行检核，前一步工作未作检核，不得进行下一步工作。这样，不仅可以大大减小测量成果出错的概率，同时，由于每步都有检核，还可以及早发现错误，减少返工重测的工作量，从而保证测量成果的质量和较高的工作效率。

## 四、建筑工程测量的基本要求

测量工作是一项严谨、细致的工作，可谓“失之毫厘，谬以千里”。因此，在建筑工程测量过程中，测量人员必须坚持“质量第一”的理念，以严肃、认真的工作态度，保证测量成果的真实性、客观性和原始性，同时要爱护测量仪器和工具，在工作中发扬团队精神，并做好测量工作的记录。

# 第三章　建筑工程施工技术

## 第一节　地基基础施工技术

在建筑工程中，位于建筑物的最下端，埋入地下并直接作用在土层上的承重构件称为基础。它是建筑物重要的组成部分。支撑在基础下面的土层叫地基。地基不属于建筑物的组成部分，它是承受建筑物荷载的土层。建筑物的全部荷载最终由基础传给地基。

基础的类型较多，按基础所采用的材料和受力特点分，有刚性基础和非刚性基础；按基础的构造形式分，有条形基础、独立基础、筏形基础、箱形基础、桩基础等；按基础的埋置深度分，有浅基础和深基础等。

### 一、地基处理

地基处理的目的是对地基土进行加固，以改善地基土的工程性质，提高地基土的承载力，增强地基土的稳定性，降低地基土的压缩性，改善地基土的渗透性能，提高地基土的抗震特性，减少地基土的沉降和不均匀沉降，使其在上部结构荷载作用下不致发生破坏或出现过大变形，以保证建筑物的安全和正常使用。对砂性土及粉土地基，还要消除可液化土层，防止地震时地基土的液化；对特殊土地基，要采取有效措施，消除或部分消除湿陷性黄土的湿陷性、膨胀土的胀缩性等特殊性，使之满足设计要求。

## （一）换填垫层法

当软弱土地基的承载力或变形满足不了建筑物的要求，而软弱土层的厚度又不很大时，将基础底面下处理范围内的软弱土层部分或全部挖去，或采取其他方式挤掉软弱土，然后分层换填强度较大的砂（碎石、素土、灰土、矿渣、粉煤灰）或其他性能稳定、无侵蚀性的材料，并压（夯、振）实至要求的密实度为止，该方法总称为换填垫层法。

不同材料的换填垫层，其主要作用与砂垫层是相同的，有以下几个方面。

### 1.提高地基的承载力

挖去软弱土，换填抗剪强度较高的砂或其他较坚硬的填筑材料，必然会提高地基的承载力。

### 2.减少沉降量

由于砂垫层或其他垫层的应力扩散作用，减少了垫层下软弱土层的附加应力，所以也减少了软弱土层的沉降量。

### 3.排水加速软土固结

由于砂垫层和砂石垫层等垫层材料的透水性大，软弱土层受压后，垫层可作为良好的排水面和排水通道，使基础下面的软弱土层中的超静孔隙水压力迅速消散，加速垫层下软弱土层的排水固结，从而提高其强度、避免地基土塑性破坏。

### 4.防止冻胀

因为粗颗粒垫层材料孔隙大，可切断毛细水管的作用，所以可以防止寒冷地区土中冬季结冰所造成的冻胀。只是砂垫层等垫层的厚度应满足当地冻结深度的要求。

5.消除膨胀土的胀缩作用

由于膨胀土具有遇水膨胀、失水收缩的特性，因此挖除基础底面以下的膨胀土，换填砂或其他材料的垫层，可消除膨胀土的胀缩作用，从而可避免膨胀土对建筑物的危害。

6.消除或部分消除湿陷性黄土的湿陷性

挖除基础底面以下的湿陷性黄土，换填不透水材料的垫层，可消除或部分消除湿陷性黄土的湿陷性。

（二）加筋法

加筋法是指在软弱土层中沉入碎石桩（或砂桩），或在人工填土的路堤或挡墙内铺设土工聚合物（或钢带、钢条、尼龙绳等）；或在边坡内打入土锚（或土钉、树根桩等）作为加筋，形成人工复合的土体，使土体可承受抗拉、抗压、抗剪或抗弯作用，以提高地基土体的承载力、减少沉降量和增强地基稳定性。这种加筋作用的人工材料称为筋体。由土和筋体所组成的复合土体称为加筋土。

图 3-1 为常见的几种加筋技术。

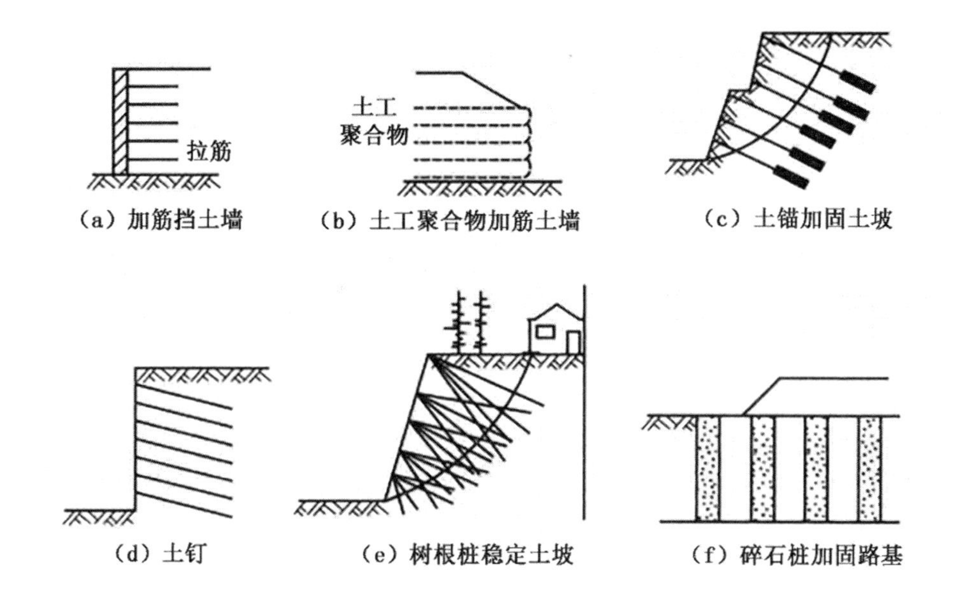


图 3-1　几种加筋技术在工程的应用

1.加筋法的优点

①加筋法可以建造较高的垂直面挡墙，根据工程实际需要也可以建造倾斜面挡墙；可以用于地基、边坡的加固和强化等。

②可以建造陡坡，减少占地面积，特别是在不允许开挖的地区施工。

③加筋的土体及结构属于柔性的，对各种地基都有较好的适应性，因而对地基的要求比其他结构的建筑物低。遇软弱地基时，常不需采用深基础。

④加筋法的支挡、桥、台等结构，墙面变化多样。可以根据需要设计面板，进行美化，也可表面植草等。

⑤墙面板可以就地预制，也可以由工厂制造。

⑥加筋土结构既适于机械化施工，也适于人力施工；施工设备简单，无须大型机械，更可以在狭窄场地条件下施工；施工简便，没有噪声、施工垃圾等。

⑦抗震性能、耐寒性能良好。

⑧造价较低。

### 2.加筋法的分类

（1）加筋土垫层法

在地基中铺设加筋材料（如土工织物、土工格栅、金属板条等），形成加筋土垫层，以增大压力扩散角，提高地基稳定性。适用于筋条间用无黏性土，以及各种软弱地基。

（2）加筋土挡墙法

通过在填土中分层铺设加筋材料以提高填土的稳定性，形成加筋土挡墙。挡墙外侧可采用侧面板形式，也可采用加筋材料包裹形式。适用于填土挡土结构。

（3）土钉墙法

通常采用钻孔、插筋、注浆的方法在土层中设置土钉，也可直接将杆件插入土层中，通过土钉和土形成加筋土挡墙，以维持和提高土坡稳定性。适用范围在软黏土地基极限支护高度 5 m 左右，砂性土地基应配以降水措施。

（4）锚杆支护法

锚杆通常由锚固段、非锚固段和锚头三部分组成。锚固段处于稳定土层，可对锚杆施加预应力，用于维持边坡稳定。软黏土地基中应慎用。

（5）锚定板挡土结构

由墙面、钢拉杆、锚定板和填土组成，锚定板处在填土层，可提供较大的锚固力。锚定板应用于填土挡土结构。

（6）树根桩法

在地基中设置如树根状的微型灌注桩（直径为 70～250 mm），提高地基承载力或土坡的稳定性，适用于各类地基。

（7）低强度混凝土桩复合地基法

在地基中设置低强度混凝土桩，与桩间土形成复合地基，提高地基承载力，减小沉降。适用于各类深厚软弱地基。

（8）钢筋混凝土桩复合地基法

地基中设置钢筋混凝土桩，与桩间土形成复合地基，提高地基承载力，减小沉降。适用于各类深厚软弱地基。

（9）长短桩复合地基

由长桩、短桩与桩间土形成复合地基，提高地基承载力、减少沉降。长桩和短桩可采用同一桩型，也可采用两种桩型。通常长桩采用刚度较大的桩型，短桩采用柔性桩或散体材料桩。适用于深厚软弱地基。

## （三）预压地基法

预压地基法又称为排水固结法，即在地基上进行堆载预压或真空预压，或联合使用堆载和真空预压，形成固结压密后的地基。

预压地基法由排水系统和加压系统两大部分组成。排水系统由竖向排水体和水平向排水体构成。竖向排水体有普通砂井、袋装砂井和塑料排水板，水平向排水体为砂垫层。

排水系统主要作用在于改变地基原有的排水边界条件，增加孔隙水排出的途径，缩短排水距离。该系统是由水平排水垫层和竖向排水体构成的。当软土层较薄或土的渗透性较好，而施工期允许较长时，可仅在地面铺设一定厚度的砂垫层，然后加载，土层中的水沿竖向流入砂垫层而排出。当工程上遇到透水性很差的深厚软土层时，可在地基中设置砂井等竖向排水体，地面连以排水砂垫层，构成排水系统。

加压系统的主要作用是给地基土增加固结压力，是起固结作用的荷载。

加压方式通常可利用建筑物（如房屋）或构筑物（如路堤、堤坝等）自重、堆放固体材料（如石料、钢材等）、充水（如油罐充水）及抽真空施加负压力荷载等。

排水系统是一种手段，如没有加压系统，孔隙中的水没有压力差就不会自然排出，地基也就得不到加固。如果只增加固结压力，不缩短土层的排水距离，则不能在预压期间尽快地完成设计所要求的沉降量，强度不能及时提高，加载也就不能顺利进行。所以上述两个系统，在设计时总是联系起来考虑的。

堆载预压法是对天然地基，或先在地基中设置砂井（袋装砂井或塑料排水带）等竖向排水体，然后利用建筑物本身自重分级逐渐加载（或建筑物建造前在场地先行加载预压），使土体中的孔隙水排出，逐渐固结，地基发生沉降，同时土的抗剪强度逐步提高的一种加固方法。

预压地基法可使地基的沉降在加载预压期间基本完成或大部分完成，确保建筑物在使用期间不致产生过大的沉降和沉降差。同时，可增加地基土的抗剪强度，从而提高地基的承载力和稳定性。为了加速压缩过程，可采用大于建筑物质量的超载进行预压。

真空预压法是在需要加固的软黏土地基内设置砂井或塑料排水带，然后在地面铺设砂垫层，再在其上覆盖一层不透气的密封膜使之与大气隔绝，通过埋设于砂垫层中的吸水管道，用真空泵抽气使膜内保持较高的真空度，在土的孔隙水中产生负的孔隙水压力，孔隙水逐渐被吸出从而达到预压效果。对于在加固范围内有足够水源补给的透水层又没有采取隔断水源补给措施时，不宜采用真空预压法。

### （四）强夯地基法

强夯法又称动力固结法，该方法通常以 10～40 t 的重锤（最重可达 200 t）

和 8～20 m 的落距（最高可达 40 m），对地基土施加很大的冲击能，一般能量可达 500～8 000 kN·m，以达到改善土体工程特性的目的。

强夯法对地基土施加很大的冲击能，地基土中所出现的冲击波和动应力，可以提高土的强度，降低土的压缩性，改善砂土的振动液化条件和消除湿陷性黄土的湿陷性等。同时，此法还能提高土层的均匀程度，减少将来可能出现的差异沉降。

强夯法适用于处理碎石土、砂土、低饱和度的粉土与黏性土、湿陷性黄土、素填土和杂填土等材料构成的地基。

由于强夯法具有加固效果显著、适用土类广、设备简单、施工方便、节省劳力、施工期短、节约材料、施工文明和施工费用低等优点，所以应用强夯法处理的工程范围极为广泛。

### （五）挤密地基法

挤密地基法是指利用沉管、冲击、夯扩、振冲、振动沉管等方法在土中挤压、振动成孔，使桩孔周围土体得到挤密、振密，并向桩孔内分层填入砂、碎石、土或灰土、石灰、渣土或其他材料形成的地基。挤密地基法适用于处理湿陷性黄土、砂土、粉土、素填土和杂填土等材料构成的地基。

当以消除地基土的湿陷性为主要目的时，宜选用土桩挤密法；当以提高地基土的承载力或增强其水稳性为主要目的时，宜选用灰土桩（或其他具有一定胶凝强度的桩，如二灰桩、水泥土桩等）挤密法；当以消除地基土液化为主要目的时，宜选用振冲或振动挤密法。对重要工程或在缺乏经验的地区，施工前应按设计要求，在现场进行试验。

一般来说，对于砂性土，挤密地基法的侧向挤密、振密作用占主导地位；而对于黏性土，则以置换作用为主，桩体与桩间土形成复合地基。

### （六）振冲密实法

振冲密实法一方面依靠振冲器的强力振动使饱和砂层发生液化，砂颗粒重新排列，孔隙减少；另一方面依靠振冲器的水平振动力，在加固填料的情况下还通过填料使砂层挤压密实，达到加固目的。适用于处理松砂地基。

加填料的振冲密实法，如图 3-2 所示。施工可按下列步骤进行。

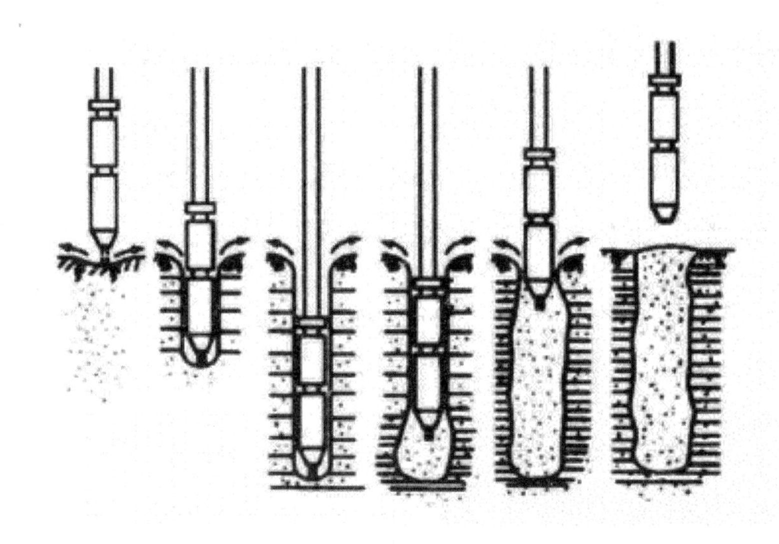

图 3-2　振冲密实法施工工艺

①清理平整场地、布置振冲点。

②施工机具就位，在振冲点上安放钢护筒，使振冲器对准护筒的轴心。

③起动水泵和振冲器，使振冲器徐徐沉入砂层，水压可用 400～600 kPa，水量可用 200～400 L/min，下沉速度宜控制在约 1～2 m/min 范围内。

④振冲器达设计处理深度后，将水压和水量降至孔口有一定量回水，但无大量细颗粒带出的程度，将填料堆于护筒周围。

⑤填料在振冲器振动下依靠自重沿护筒周壁下沉至孔底，在电流升高到规定的控制值后，将振冲器上提 0.3～0.5 m。

⑥重复上一步骤，直至完成全孔处理，详细记录各深度的最终电流值、填料量等。

⑦关闭振冲器和水泵。

不加填料的振冲密实施工方法与加填料的大体相同。使振冲器沉至设计处理深度，留振至电流稳定地大于规定值后，将振冲器上提 0.3～0.5 m。如此重复进行，直至完成全孔处理。在中粗砂层中施工时，如遇振冲器不能贯入，可增设辅助水管，加快下沉速率。

## 二、桩基施工

当建筑场地浅层地基土比较软弱，不能满足建筑物对地基承载力和变形的要求，又不适宜采取地基处理措施时，往往可以利用深层坚实土层或岩层作为持力层，采用深基础方案。

深基础主要有桩基础、沉井和地下连续墙等几种类型，其中应用最广泛、最普遍的是桩基础。桩基础由基桩和连接于桩顶的承台组成，通过桩杆将荷载传给深部的土层或侧向土体。

桩基础的分类方法很多，按荷载的传递方式分为端承型桩（桩上荷载主要通过桩端阻力承受，略去桩表面与土的摩擦力作用）和摩擦型桩（桩上荷载主要由桩周与软土之间的摩擦力承受，同时也考虑桩端阻力作用）；按施工方法分为预制桩和灌注桩；按桩径大小分为小直径桩（$d\leqslant 250$ mm）、中等直径桩（250 mm$<d<$800 mm）、大直径桩（$d\geqslant 800$ mm）。

## （一）混凝土预制桩

目前常用的钢筋混凝土预制桩有普通钢筋混凝土桩（简称 RC 桩）、预应力混凝土方桩（简称 PRC 桩）、预应力混凝土管桩（简称 PC 桩）和超高强混凝土离心管桩（简称 PHC 桩）。其中普通钢筋混凝土预制方桩制作方便，价格比较便宜，桩长可根据需要确定，且可在现场预制，因此在工程中用得较多。

### 1.预制桩构造

①预制桩的混凝土强度等级不应低于 C30；预应力桩不应低于 C40；预制桩纵向钢筋的混凝土保护层厚度不宜小于 30 mm。

②混凝土预制桩的截面边长不应小于 200 mm；预应力混凝土预制桩的截面边长不宜小于 350 mm；预应力混凝土离心管桩的外径不宜小于 300 mm。

③预制桩的桩身配筋应按吊运、打桩及桩在建筑物中受力等条件计算确定。打入式预制桩的最小配筋率不宜小于 0.8%；静压预制桩的最小配筋率不宜小于 0.6%；主筋直径不宜小于 ϕ14，打入桩桩顶 2～3$d$ 长度范围内箍筋应加密，并设置钢筋网片。

预应力混凝土预制桩宜优先采用先张法施加预应力。预应力筋宜选用冷拉Ⅲ级、Ⅳ级或Ⅴ级钢筋。

④预制桩的分节长度应根据施工条件及运输条件确定。接头不宜超过两个，预应力管桩接头不宜超过 4 个。

⑤预制桩的桩尖可将主筋合拢焊在桩尖辅助钢筋上，在密实砂和碎石类土中，可在桩尖处包以钢板桩靴，加强桩尖。

### 2.预制桩的制作

混凝土方桩多数是在施工现场预制，也可在预制厂生产。可做成单根桩或多节桩，截面边长多为 200～550 mm，在现场预制，长度不宜超过 30 m；在工厂制作，为便于运输，单节长度不宜超过 12 m。混凝土预应力管桩则均在工厂用离心法生产，管桩直径一般为 300～800 mm，常用的为 400～600 mm。

（1）桩的制作方法

为节省场地，现场预制方桩多用叠浇法制作。桩与桩之间应做好隔离层，桩、邻桩，及其与底模之间的接触面不得粘连；上层桩或邻桩的浇筑，必须在下层桩或邻桩的混凝土在设计强度的 30%以上时，方可进行；桩的重叠层数不应超过 4 层。

预制桩制作工艺：现场制作场地压实、整平→场地地坪做三七灰土或浇筑混凝土→支模→绑扎钢筋骨架、安放吊环→浇筑混凝土→养护至 30%强度拆模→支间隔端头模板、刷隔离剂、绑扎钢筋→浇筑混凝土→重叠制作第二层桩→养护至 70%强度起吊→达 100%强度后运输、堆放。

（2）桩的制作要求

①场地要求：场地应平整、坚实，不得产生不均匀沉降。

②支模：宜采用钢模板，模板应具有足够的刚度，并应平整，尺寸应准确。

（3）钢筋骨架绑扎

①桩中的钢筋应严格保证位置正确，桩尖应与钢筋笼的中心轴线一致。

②钢筋骨架的主筋连接宜采用对焊和电弧焊，当钢筋直径大于 ϕ20 时，宜采用机械连接。主筋接头在一截面内的数量，应符合下列规定：当采用对焊或电弧焊时，对于受拉钢筋，不得超过 50%；相邻两根主筋接头截面的距离应大于 35*d*（主筋直径），并不应小于 500 mm。

③纵向钢筋与箍筋应扎牢，连接位置不应偏斜，桩顶钢筋网片应按设计要求位置与间距设置，且不偏斜，整体扎牢制成钢筋笼。

④钢筋骨架允许偏差。预制桩钢筋骨架的允许偏差应符合表 3-1 的规定。

表 3-1 预制桩钢筋骨架质量检验标准

| 项目 | 序号 | 检查项目 | 允许偏差或允许值/mm | 检查方法 |
|---|---|---|---|---|
| 主控项目 | 1 | 主筋与桩顶距离 | ±5 | 用钢尺量 |
| | 2 | 多节桩锚固钢筋位置 | 5 | 用钢尺量 |
| | 3 | 多节桩预埋件 | ±3 | 用钢尺量 |
| | 4 | 主筋保护层厚度 | ±5 | 用钢尺量 |
| 一般项目 | 1 | 主筋间距 | ±5 | 用钢尺量 |
| | 2 | 桩尖中心线 | 10 | 用钢尺量 |
| | 3 | 箍筋间距 | ±20 | 用钢尺量 |
| | 4 | 桩顶钢筋网片 | ±10 | 用钢尺量 |
| | 5 | 多节桩锚固钢筋长度 | ±10 | 用钢尺量 |

⑤桩顶桩尖构造。桩顶一定范围内的箍筋应加密，并设置钢筋网片。

（4）混凝土浇筑

在浇筑混凝土之前，应清除模板内的垃圾、杂物，检查各部位的保护层。保护层应符合设计要求厚度，主筋顶端保护层不宜过厚，以防锤击沉桩时桩顶破碎。

浇筑混凝土时应由桩顶往桩尖方向进行，应连续浇筑、不得中断，并用振捣器仔细捣实，确保顶部结构的密实性，同时桩顶面和接头端面应平整，以防锤击沉桩时桩顶破碎。浇筑完毕后，应覆盖、洒水养护不少于 7 d，如用蒸汽养护，在蒸汽养护后，尚应适当自然养护，30 d 后方可使用。

### 3.起吊、运输和堆放

（1）起吊

钢筋混凝土预制桩达到设计强度的 70%后方可起吊，若需提前起吊，应根据起吊时桩的实际强度进行强度和抗裂度验算。

起吊时，吊点位置应符合设计计算规定。当吊点少于或等于 3 个时，其位置应按正、负弯矩相等的原则计算确定；当吊点多于 3 个时，其位置则应按反力相等的原则计算确定。

预制桩上吊点处未设吊环，则起吊时可采用捆绑起吊，在吊索与桩身接触处应加垫层，以防损坏棱角或桩身表面。起吊时应平稳提升，避免摇晃撞击和振动。

（2）运输

钢筋混凝土预制桩须待其达到设计强度的 100%后方可运输。若需提前运输，则必须验算桩身强度，强度满足后并采取一定措施方可进行。

长桩运输可采用平板拖车、平台挂车运输。短桩运输可采用载重汽车。若现场运距较近，可采用轻轨平板车运输，也可在桩下面垫以滚筒（桩与滚筒之间应放托板），用卷扬机拖动移桩。严禁在现场以直接拖拉桩体的方式代替装车运输。

运输时，桩的支点应与吊点位置一致，桩应叠放平稳并垫实，支撑或绑扎牢固，以防在运输中晃动或滑动。

一般情况下，宜根据打桩进度随打随运，以减少二次搬运。运桩前先核对桩的型号，并对桩的混凝土质量、尺寸、桩靴的牢固性及打桩中使用的标志是否齐全等进行检查。桩运到现场后，应对其外观复查，检查运输过程中桩是否有损坏。

（3）堆放

堆放场地必须平整、坚实，排水良好，避免产生不均匀沉陷。支承点与吊点的位置应相同，并应在同一水平面上。各层支承点垫木应在同一垂直线上，如图 3-3 所示。不同规格的桩应分别堆放。桩堆放层数不宜超过 4 层。

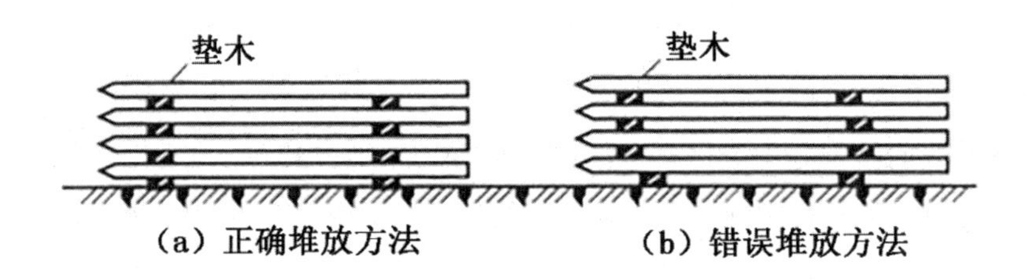


图 3-3 桩的堆放

## （二）钢管桩

在沿海及内陆冲积平原地区，软土层很厚，土的天然含水量高，天然孔隙比大，抗切强度低，压缩系数高，渗透系数小，而低压缩性持力层又很深（深达 50～60 m)，若采用钢筋混凝土和预应力混凝土桩，沉桩时须用冲击力很大的桩锤，同时沉桩施工产生的挤土往往会造成损害。钢管桩贯入性好，承载力高，施工速度快，挤土小，因此这种情况多选用钢管桩。

### 1.钢管桩的特点

①承载力高。由于钢材强度高，耐锤击性能好，穿透力强，能够打入坚硬土层，且桩可较长，能获得极大的单桩承载力。

②桩长易于调节。钢材易于切割和焊接，可根据持力层的起伏，采用接长或切割的办法调节桩长。

③接头连接简单。采用电焊焊接，操作简便，强度高，使用安全。

④排土量小，对邻近建筑物影响小。桩下端为开口，随着桩打入，泥土挤入桩管内，与实桩相比挤土量大为减少，对周围地基扰动小。

⑤工程质量可靠，施工速度快。

⑥质量轻、刚性好，装卸、运输、堆放方便，不易损坏。

钢管桩施工设备：桩锤、桩架、桩帽（为防止钢管桩桩头被打坏，打桩时，在桩顶放置桩帽，钢管桩桩帽由铸铁及普通钢板制成)、送桩管（一般钢管桩顶埋置较深，可采用送桩管将桩管送入。送桩管应结构坚固，能重复使用)。

钢管桩内切割机和拔管设备：若不采用送桩，打桩能量损失小，效率高，但在土方开挖前，应采用钢管桩内切割机将多余的上部钢管桩割去，以便土方开挖。所用切割设备有等离子切桩机、手把式氧乙炔切桩机、半自动氧乙炔切桩机、悬吊式全回转氧乙炔自动切割机等。工作时，将切割设备吊挂送入钢管桩内的预定深度，依靠风动顶针装置固定在钢管桩的内壁，割嘴按预先调整好的间隙进行回转切割短桩头，然后将切割下的桩管拔出。拔出的短桩管经焊接接长后可再用。

2.拔出切割后的短桩管的方法

①用小型振动锤夹住桩管，振动拔起。

②在桩管顶以下的管壁上开孔，穿钢丝绳，用 40～50 t 履带吊车拔管。

③用内胀式拔管器拔出。施工时，上提锥形铁砣，使两侧半圆形齿块卡住钢管内壁，借助吊车将钢管拔出。

3.钢管桩的施工程序

桩机进场安装→桩机移动定位→吊桩→插桩→锤击下沉、接桩→锤击至设计标高→内切钢管桩→精割、戴钢帽。

### （三）混凝土灌注桩施工

灌注桩是直接在桩位上就地成孔，然后在孔内安放钢筋笼灌注混凝土而成的。灌注桩能适应各种地层，无须接桩，施工时无振动、无挤土、噪声小，宜在建筑物密集地区使用。但其操作要求严格，施工后需较长的养护期才可承受荷载，成孔时有大量土渣或泥浆排出。根据成孔工艺不同，可分为干作业成孔灌注桩、泥浆护壁成孔灌注桩、套管成孔灌注桩和爆扩成孔灌注桩等。灌注桩施工工艺近年来发展很快，还出现夯扩沉管灌注桩、钻孔压浆成桩等新工艺。

1.灌注桩的构造要求

（1）桩身混凝土及混凝土保护层的要求

桩身混凝土强度等级不得小于 C25，混凝土预制桩尖强度等级不得小于 C30；灌注桩主筋的混凝土保护层厚度不得小于 35 mm，水下灌注桩主筋的混凝土保护层厚度不得小于 50 mm。

（2）配筋构造要求

①配筋率。当桩身直径为 300～200 mm 时，正截面配筋率可取 0.65%～0.20%；对受荷载作用特别大的桩、抗拔桩和嵌岩端承型桩应根据计算确定配筋率，并不小于上述规定值。

②配筋长度的规定。端承型桩应沿桩身等截面或变截面配筋，摩擦型桩配筋长度不应小于 2/3 桩长。

③对于抗压桩和抗拔桩，主筋不应小于 6ф10，纵向主筋应沿桩身周边均匀布置，其净距不应小于 60 mm。

④箍筋应采用螺旋式，直径不小于 6 mm，间距宜为 200～300 mm，受水平荷载较大的桩基以及考虑主筋作用计算桩身受压承载力，桩顶以下 $5d$ 范围内的箍筋应加密。

2.钢筋笼制作

（1）施工程序

主要施工程序：原材料报检→可焊接性试验→焊接参数试验→设备检查→施工准备→台具模具制作→钢筋笼分节加工→声测管安制→钢筋笼底节吊放→第二节吊放→校正、焊接→最后节定位。

（2）施工工艺流程

施工工艺流程，如图 3-4 所示。

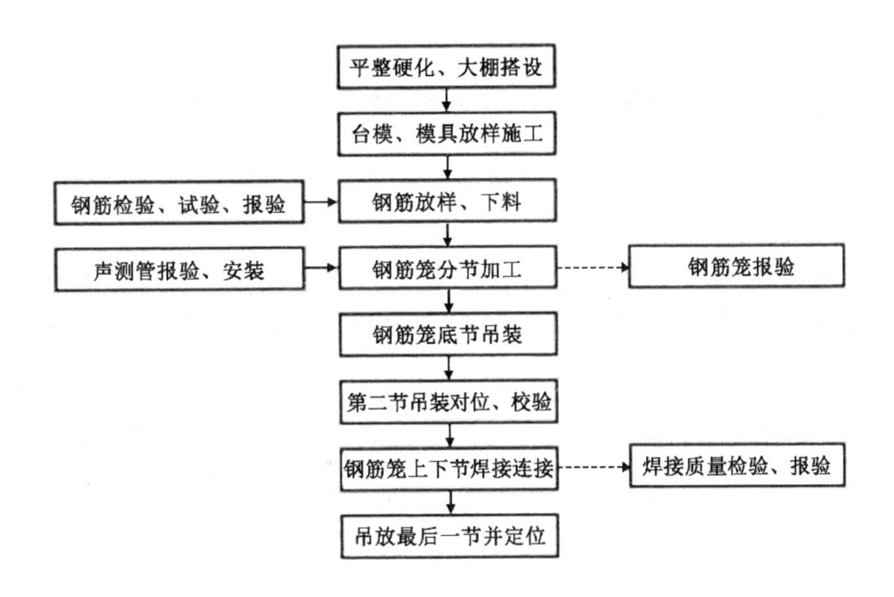


图 3-4　钢筋笼制作施工工艺流程图

### 3.泥浆护壁成孔灌注桩

泥浆护壁成孔灌注桩是利用泥浆护壁，钻孔时通过循环泥浆将钻头切削下的土渣排出孔外而成孔，而后吊放钢筋笼，水下灌注混凝土而成桩。宜用于地下水位以下的黏性土、粉土。

泥浆护壁成孔灌注桩的施工工艺流程为：测放桩点→埋设护筒→钻机就位→钻孔→注泥浆→排渣→清孔→吊放钢筋笼→插入混凝土导管→灌注混凝土→拔出导管。

（1）测放桩点

平整清理好施工场地后，设置桩基轴线定位点和水准点，根据桩平面布置施工图，定出每根桩的位置，并做好标志。施工前，桩位要检查复核，以防受外界因素影响而出现偏移。

（2）埋设护筒

护筒的作用：固定桩孔位置，防止地面水流入，保护孔口，增高桩孔内水压力，防止塌孔，成孔时引导钻头方向。

护筒用4～8 mm厚钢板制成，内径比钻头直径大100～200 mm，顶面高出地面0.4～0.6 m，上部开1或2个溢浆孔。埋设护筒时，先挖去桩孔处表土，将护筒埋入土中，其埋设深度，在黏土中不宜小于1 m，在砂土中不宜小于1.5 m。其高度要满足孔内泥浆液面高度的要求，孔内泥浆液面应保持高出地下水位1 m以上。采用挖坑埋设时，坑的直径应比护筒外径大0.8～1.0 m。护筒中心与桩位中心线偏差不应大于50 mm，对位后应在护筒外侧填入黏土并分层夯实。

（3）泥浆制备

泥浆的作用是护壁、携砂排土、切土润滑、冷却钻头，其中以护壁为主。

泥浆制备方法应根据土质条件确定：在黏土和粉质黏土中成孔时，可注入清水，以原土造浆，排渣泥浆的密度应控制在1.1～1.3 g/cm$^3$；在其他土层中成孔，泥浆可选用高塑性（$I_p$≥17）的黏土或膨润土制备；在砂土和较厚夹砂层中成孔时，泥浆密度应控制在1.1～1.3 g/cm$^3$；在穿过砂夹卵石层或容易塌孔的土层中成孔时，泥浆密度应控制在 1.3～1.5 g/cm$^3$。施工中应经常测定泥浆密度，并定期测定黏度、含砂率和胶体率。泥浆的控制指标为黏度18～22 Pa·s、含砂率不大于8%、胶体率不小于90%，为了提高泥浆质量可加入外掺料，如增重剂、增黏剂、分散剂等。施工中废弃的泥浆、泥渣应按有关环保规定处理。

（4）成孔方法

回转钻成孔是国内灌注桩施工中最常用的方法之一。按排渣方式不同可分为正循环回转钻机成孔和反循环回转钻机成孔两种。

①正循环回转钻机成孔。由钻机回转装置带动钻杆和钻头回转切削破碎岩土，由泥浆泵往钻杆输进泥浆，泥浆沿孔壁上升，从孔口溢浆孔溢出流入泥浆

池，经沉淀处理返回循环池。正循环成孔泥浆的上返速度低，携带土粒直径小，排渣能力差，岩土重复破碎现象严重，适用于填土、淤泥、黏土、粉土、砂土等地层，对于卵砾石含量不大于 15%、粒径小于 10 mm 的部分砂卵砾石层和软质基岩及较硬基岩也可使用。桩孔直径不宜大于 1 000 mm，钻孔深度不宜超过 40 m。一般砂土层用硬质合金钻头钻进时，转速取 40～80 r/min，在较硬或非均质地层中，转速可适当调慢，钢粒钻头钻进时，转速取 50～120 r/min，大桩取小值，小桩取大值；牙轮钻头钻进时，转速一般取 60～180 r/min，在松散地层中，应以冲洗液畅通和钻渣清除及时为前提，灵活确定钻压；在基岩中钻进时，可以通过配置加重铤或重块来提高钻压；对于硬质合金钻钻进成孔，钻压应根据地质条件、钻杆与桩孔的直径差、钻头形式、切削具数目、设备能力和钻具强度等因素综合确定。

②反循环回转钻机成孔。由钻机回转装置带动钻杆和钻头回转切削破碎岩土，利用泵吸、气举、喷射等措施抽吸循环护壁泥浆，挟带钻渣从钻杆内腔抽吸出孔外的成孔方法。根据抽吸原理不同可分为泵吸反循环、气举反循环和喷射（射流）反循环三种施工工艺，泵吸反循环是直接利用砂石泵的抽吸作用使钻杆的水流上升而形成反循环；喷射反循环是利用射流泵射出的高速水流产生负压使钻杆内的水流上升而形成反循环；气举反循环是利用送入压缩空气使水循环，钻杆内水流上升速度与钻杆内外液柱重度差有关。当孔深小于 50 m 时，宜选用泵吸或射流反循环；当孔深大于 50 m 时，宜采用气举反循环。

（5）清孔

当钻孔达到设计要求深度并经检查合格后，应立即进行清孔。目的是清除孔底沉渣以减少桩基的沉降量，提高承载能力，确保桩基质量。清孔方法有真空吸泥渣法、射水抽渣法、换浆法和掏渣法。

清孔应达到如下标准才算合格：一是对孔内排出或抽出的泥浆，用手摸捻应无粗粒感觉，孔底 500 mm 以内的泥浆密度小于 1.25 g/cm$^3$（原土造浆的孔则应小于 1.1 g/cm$^3$）；二是在浇筑混凝土前，孔底沉渣允许厚度符合标准规定，即端承型桩≤50 mm，摩擦型桩≤100 mm，抗拔抗水平桩≤200 mm。

（6）吊放钢筋笼

清孔后应立即安放钢筋笼。钢筋笼一般在工地制作，制作时要求主筋环向均匀布置，箍筋直径及间距、主筋保护层、加劲箍的间距等均应符合设计要求。分段制作的钢筋笼，其接头采用焊接且应符合施工及验收规范的规定。钢筋笼主筋净距必须大于 3 倍的骨料粒径，加劲箍宜设在主筋外侧，钢筋保护层厚度不应小于 35 mm（水下混凝土不得小于 50 mm）。可在主筋外侧安设钢筋定位器，以确保保护层厚度。为了防止钢筋笼变形，可在钢筋笼上每隔 2 m 设置一道加强箍，并在钢筋笼内每隔 3～4 m 装一个可拆卸的十字形临时加劲架，在吊放入孔后拆除。吊放钢筋笼时应保持垂直，缓缓放入，防止碰撞孔壁。

若造成塌孔或安放钢筋笼时间太长，应在进行二次清孔后，再浇筑混凝土。

（7）浇筑混凝土

钢筋笼内插入混凝土导管（管内有射水装置），通过软管与高压泵连接，开动泵，水即射出。射水后孔底的沉渣即悬浮于泥浆之中。停止射水后，应立即浇筑混凝土，随着混凝土不断增高，孔内沉渣将浮在混凝土上面，并同泥浆一同排回泥浆池内。水下浇筑混凝土应连续施工，开始浇筑混凝土时，导管底部至孔底的距离宜为 300～500 mm；应有足够的混凝土储备量，导管一次埋入混凝土浇筑面以下不应少于 0.8 m；导管埋入混凝土深度宜为 2～6 m，严禁将导管拔出混凝土浇筑面，并应控制提拔导管的速度，应有专人测量导管埋深及管内外混凝土浇筑面的高差，填写水下混凝土浇筑记录。应控制最后一次浇筑量，超浇高度宜为 0.8～1.0 m，凿除泛浆后必须保证暴露的桩顶混凝土强度达到设计等级。

### 4.干作业钻孔灌注桩

干作业钻孔灌注桩不需要泥浆或套管护壁，是直接利用机械成孔，放入钢筋笼，浇筑混凝土而成的桩。常用的有螺旋钻孔灌注桩，适用于黏性土、粉土、砂土、填土和粒径不大的砾砂层，也可用于非均质含碎砖、混凝土块、条石的杂填土及大卵石、砾石层。

螺旋钻机灌注桩施工工艺流程：桩位放线→钻机就位→取土成孔→测定孔径、孔深和桩孔水平与垂直偏差并校正→取土成孔达设计标高→清除孔底松土沉渣→成孔质量检查→安放钢筋笼或插筋→浇筑混凝土。

（1）钻机就位

钻机就位时，必须保持机身平稳，确保施工中不发生倾斜、位移；使用双侧吊线坠的方法或使用经纬仪校正钻杆垂直度。

（2）取土成孔

对准桩位，开动钻机钻进，出土达到控制深度后停钻、提钻。

（3）清孔

钻至设计深度后，进行孔底清理。清孔方法是在原深处空转，然后停止回转，提钻卸土或用清孔器清土。清孔后，用测深绳或手提灯测量孔深及虚土厚度，成孔深度和虚土厚度应符合设计要求。

（4）安放钢筋笼

在安放钢筋笼前，复查孔深、孔径、孔壁、垂直度及孔底虚土厚度，钢筋笼上必须绑好砂浆垫块（或卡好塑料卡）；钢筋笼起吊时不得在地上拖曳，吊入钢筋笼时，要吊直扶稳，对准孔位，缓慢下沉，避免碰撞孔壁。钢筋笼下放到设计位置时，应立即固定。在浇筑混凝土之前，应再次检查孔内虚土厚度。

（5）浇筑混凝土

浇筑混凝土前，应在孔口安放护孔漏斗，然后放置钢筋笼，并应再次测量孔内虚土厚度；吊放串筒浇筑混凝土，注意落差不得大于 2 m。浇筑混凝土时应连续进行，分层振捣密实，分层厚度以捣固的工具而定，一般不大于 1.5 m。混凝土浇到距桩顶 1.5 m 时，可拔出串筒，直接浇筑混凝土。混凝土浇筑到桩顶时，桩顶标高至少要比设计标高高出 0.5 m，凿除浮浆高度后必须保证暴露的桩顶混凝土强度达到设计等级。

### 5.人工挖孔灌注桩

人工挖孔灌注桩是指在设计桩位处采用人工挖掘方法进行成孔，然后安放钢筋笼，浇筑混凝土所形成的桩。其施工特点是：设备简单；成孔作业时无噪声和振动，无挤土现象；施工速度快，可同时开挖若干个桩孔；挖孔时，可直接观察土层变化情况，孔底沉渣清除彻底，施工质量可靠。但施工时人工消耗量大，安全操作条件差。

人工挖孔灌注桩施工时，为确保挖孔安全，必须采取支护措施防止土壁坍塌。支护方法有：现浇混凝土护壁、喷射混凝土护壁、砖护壁和钢套管护壁等多种。

人工挖孔灌注桩的施工工艺如下。

①按设计图测设桩位、放线。

②开挖桩孔土方。采取人工分段开挖的形式，每段高度取决于土壁保持直立状态而不坍塌的能力，一般取 0.5～1 m 为一施工段，开挖直径为设计桩芯直径 $d$ 加 2 倍护壁厚度。现浇混凝土护壁厚度一般应不小于（$\frac{d}{10}+5$）cm，且有 1∶0.1 的坡度。

③支设护壁模板。模板高度取决于开挖桩孔土方施工段高度，一般为 1 m，由 4～8 块活动钢模板（或木模板）组合而成。

④在模板顶部安设操作平台。平台可用角钢和钢板制成的两个半圆形合在一起形成，其置于护壁模板顶部，用以临时放置料具和浇筑护壁混凝土。

⑤浇筑护壁混凝土。护壁混凝土起着防止孔壁坍塌和防水的双重作用，因此混凝土应捣实。通常第一节护壁顶面应比场地高出 150～200 mm，壁厚上端比下端宽 100～150 mm。上下节护壁的搭接长度应不小于 50 mm。

⑥拆除模板进行下段施工。护壁混凝土在常温下经 24 h 养护（强度达到 1.0 MPa）后，可拆除模板，开挖下一段桩孔土方。

在开挖过程中，应保证桩孔中心线的平面位置偏差始终不大于 20 mm，偏差经吊放锤球等方法检验合格后，再支设模板，浇筑混凝土，如此反复进行。桩孔挖至设计深度后，还应检查孔底土质是否符合设计要求，然后将孔底挖成扩大头，清除孔底沉渣。

⑦吊放钢筋笼、浇筑桩身混凝土。桩孔内渗水量不大时，应用潜水泵抽取孔内积水，然后立即浇筑混凝土，混凝土宜通过溜槽下落，在高度超过 3 m 时，应用串筒，串筒末端离孔底高度不宜大于 2 m。若桩孔内渗水量过大，积水不易排干，则应用导管法浇筑水下混凝土。在混凝土浇筑至钢筋笼底部设计标高后，开始吊放钢筋笼，再继续浇筑桩身混凝土而成桩。

### （四）灌注桩后压浆

后压浆技术的基本原理是通过预先设置于钢筋笼上的压浆管，在桩体达到一定强度后（一般 7～10 d），向桩侧或桩底压浆，固结孔底沉渣和桩侧泥皮，并使桩端和桩侧一定范围内的土体得到加固，从而达到提高承载力的目的。

后压浆的类型很多，可分别按压浆工艺、压浆部位、压浆管埋设方式及压浆循环方式进行分类。

#### 1.按压浆工艺分类

按压浆工艺可分为闭式压浆和开式压浆。

（1）闭式压浆

将预制的弹性良好的腔体（又称承压包、预承包、压浆胶囊等）或压力注浆室随钢筋笼放至孔底。成桩后通过地面压力系统把浆液注入腔体内。随着注浆量的增加，弹性腔体逐渐膨胀、扩张，对沉渣和桩端土层进行压密，并用浆体取代（置换）部分桩端土层，从而在桩端形成扩大头。

（2）开式压浆

连接于压浆管端部的压浆装置随钢筋笼一起放置于孔内某一部位，成桩后压浆装置通过地面压力系统把浆液直接压入桩底和桩侧的岩土体中，浆液与桩底桩侧沉渣、泥皮和周围土体等产生渗透、填充、置换、劈裂等多种效应，在桩底和桩侧形成一定的加固区。

### 2.按压浆部位分类

按压浆部位可分为桩侧压浆、桩端压浆和桩侧桩端压浆。

（1）桩侧压浆

仅在桩身某一部位或若干部位进行压浆。

（2）桩端压浆

仅在桩端进行压浆。

（3）桩侧桩端压浆

在桩身若干部位和桩端进行压浆。

### 3.按压浆管埋设方式分类

按压浆管埋设方式可分为桩身预埋管压浆法和钻孔埋管压浆法。

（1）桩身预埋管压浆法

压浆管固定在钢筋笼上，压浆装置随钢筋笼一起下放至桩孔某一深度或孔底。

（2）钻孔埋管压浆法

钻孔方式有两种。一种在桩身中心钻孔，并深入到桩底持力层一定深度（一般为 1 倍桩径以上），然后放入压浆管，封孔并间歇一定时间后，进行桩底压浆；另一种是在桩外侧的土层中钻孔，即成桩后，距桩侧 0.2～0.3 m 钻孔至要求的深度，然后放入压浆管，封孔并间歇一定时间后，进行压浆。

4.按压浆循环方式分类

按压浆循环方式可分为单向压浆和循环压浆。

（1）单向压浆

每一压浆系统由一个进浆口和桩端（或桩侧）压浆器组成。压浆时，浆液由进浆口到压浆器的单向阀，再到土层，呈单向性。压浆管路不能重复使用，不能控制压浆次数和压浆间隔。

（2）循环压浆

循环压浆又称 U 形管压浆：每一个压浆系统由一根进口管、一根出口管和一个压力注浆装置组成。压浆时，将出浆口封闭，浆液通过桩端压浆器的单向阀注入土层中。一个循环压完规定的浆量后，将压浆口打开，通过进浆口以清水对管路进行冲洗，同时桩端压浆器的单向阀可防止土层中浆液的回流，保证管路的畅通，便于下一循环继续使用，从而实现压浆的可控性。

# 第二节　主体结构施工技术

## 一、砖砌体结构施工

### （一）砌筑砂浆的制备

砌筑砂浆应通过试配确定配合比。当砌筑砂浆的组成材料有变更时，其配合比应重新确定。按照《砌筑砂浆配合比设计规程》（JGJ/T 98—2010）的规定，砌筑砂浆的配合比以质量比的方式表示。

1.砌筑砂浆配合比的基本要求

①砂浆拌合物的和易性应满足施工要求，拌合物的体积密度要求如下：水泥砂浆≥1 900 kg/m$^3$，水泥混合砂浆、预拌砌筑砂浆≥1 800 kg/m$^3$。

②砌筑砂浆的强度、耐久性应满足设计要求。

③经济上应合理，水泥及掺合料的用量应较少。

2.砌筑砂浆现场拌制工艺

（1）技术准备

熟悉图样，核对砌筑砂浆的种类、强度等级、使用部位。委托有资质的试验部门对砂浆进行试配试验，并出具砂浆配合比报告。施工前应向操作者进行技术交底。

（2）材料准备

①水泥。进场使用前，应分批对其强度、安定性进行复验；检验时应以同一生产厂家、同一编号为一批；在使用中，若对水泥质量有怀疑或水泥出厂超过 3 个月，应重新复验，并按其复验结果使用；不同品种的水泥，不得混

合使用。

②砂。宜用中砂，过 5 mm 孔径的筛子，且不应含有杂物。强度等级≥M5 的砂浆，砂含泥量应≤5%。

③掺合料。石灰膏：生石灰熟化成石灰膏时，用孔径不大于 3 mm×3 mm 的网过滤，熟化时间≥7 d；磨细生石灰粉的熟化时间≥2 d。沉淀池中储存的石灰膏，应采取防止干燥、冻结和污染的措施。严禁使用脱水硬化的石灰膏。电石膏为无机物，其主要成分是碳化钙，检验电石膏时应加热至 70 ℃并保持 20 min，没有乙炔气味，方可使用。消石灰粉（其主要成分是氢氧化钙，俗称消石灰）不得直接用于砌筑砂浆中。脱水硬化的石灰膏和消石灰粉不能起塑化作用且影响砂浆强度，故不能使用。按计划组织原材料进场，及时取样进行原材料的复试。

（3）施工机具准备

施工机械：砂浆搅拌机、垂直运输机械等。施工工具：手推车、铁锹等。检测设备：台秤、磅秤、砂浆稠度仪、砂浆试模等。

## （二）砖砌体结构施工流程

砖砌体结构施工流程如下：抄平→放线→摆砖→立皮数杆→盘角挂线→砌砖→勾缝。

### 1.抄平

砌墙前应在基础防潮层或楼面上定出各层标高，并用 M7.5 水泥砂浆或 C10 细石混凝土找平，使各段砖墙底部标高符合设计要求。找平时，应使上下两层外墙之间不致出现明显的接缝。

### 2.放线

放线的作用是确定各段墙体砌筑的位置。根据轴线桩或龙门板上轴线的位置，在做好的基础顶面，弹出墙身中线及边线，同时弹出门洞口的位置。二层以上墙的轴线可以用经纬仪或垂球将轴线引上，并弹出各墙的轴线、边线及门窗洞口位置线。

### 3.摆砖

摆砖是指在放线的基面上按选定的组砌方式用干砖试摆。目的是校对所放出的墨线在门窗洞口、附墙垛等处是否符合砖的模数，以尽可能减少砍砖并使砌体灰缝均匀，组砌得当。山墙、檐墙一般采用“山丁檐跑”，即在房屋外纵墙（檐墙）方向摆顺砖，在外横墙（山墙）方向摆丁砖，摆砖由一个大角摆到另一个大角，砖与砖留 10 mm 缝隙。

### 4.立皮数杆

皮数杆是指在其上划有每皮砖和砖缝厚度以及门窗洞口、过梁、楼板、梁底、预埋件等标高位置的一种木制标杆。它是砌筑时控制砌体竖向尺寸的标志。皮数杆一般立于房屋的四大角、内外墙交接处、楼梯间以及洞口多的地方，在没有转角的通长墙体上大约每隔 10～15 m 立一根。皮数杆上的±0.000 要与房屋的±0.000 相吻合。

### 5.盘角挂线

墙角是控制墙面横平竖直的主要依据，所以一般砌筑时应先砌墙角，墙角砖层高度必须与皮数杆相符合，做到“三皮一吊，五皮一靠”。墙角必须双向垂直。墙角砌好后，即可挂小线，作为砌筑中间墙体的依据。为保证砌体垂直平整，砌筑时必须挂线，一般 240 mm 厚的墙可单面挂线，370 mm 厚的墙及以上的墙则应双面挂线。

### 6.砌砖

砖砌体的砌筑方法有“三一”砌砖法、挤浆法、刮浆法和满口灰法。其中，砌砖法和挤浆法最为常用。“三一”砌砖法，即一块砖、一铲灰、一揉压，并随手将挤出的砂浆刮去的砌筑方法。空心砖砌体宜采用“三一”砌砖法。其优点是灰缝饱满，黏结性好，墙面整洁。挤浆法即用灰勺、大铲或铺灰器在墙顶上铺一段砂浆，然后双手拿砖或单手拿砖，用砖挤入砂浆中，一定厚度之后把砖放平，达到下齐边、上齐线、横平竖直的要求。其优点是可以连续挤砌几块砖，减少烦琐的动作；平推、平挤可使灰缝饱满，砌筑效率高、质量好。竖向灰缝不应出现瞎缝、透明缝和假缝。瞎缝是指砌体中相邻块体间无砌筑砂浆，又彼此接触的水平缝或竖向缝；假缝是指为掩盖砌体灰缝内在质量缺陷，砌筑砌体时仅在靠近砌体表面处抹有砂浆，而内部无砂浆的竖向灰缝。

7.勾缝

勾缝是砌体机构施工的最后一道工序，具有保护墙面和增加墙面美观的作用。内墙面或混水墙可采用随砌随勾缝的方法，这种方法被称为原浆勾缝法。清水墙应采用 1∶1.5～1∶2 水泥砂浆勾缝，该方法被称为加浆勾缝法。

墙面勾缝应横平竖直，深浅一致，搭接平整。砖墙勾缝通常有凹缝、凸缝、斜缝和平缝，宜采用凹缝或平缝，凹缝深度一般为 4～5 mm。勾缝完毕后，应清理墙面、柱面和落地灰。

### （三）砖砌体结构施工基本规定

①砖砌体组砌方法应正确，内外搭砌，上、下错缝。清水墙、窗间墙无通缝；混水墙中不得有长度大于 300 mm 的通缝，长度 200～300 mm 的通缝每间不超过 3 处，且不得位于同一面墙体上。砖柱不得采用包心砌法。

②砖砌体的灰缝应横平竖直，薄厚均匀。水平灰缝厚度及竖向灰缝宽度宜为 10 mm，最小不应小于 8 mm，最大不应大于 12 mm。

③砖砌体尺寸、位置的允许偏差及检验应符合表 3-2 的规定。

表 3-2　砖砌体尺寸、位置的允许偏差及检验

<table>
<tr><th>序号</th><th colspan="3">项目</th><th>允许偏差/mm</th><th>检验方法</th><th>抽检数量</th></tr>
<tr><td>1</td><td colspan="3">轴线位移</td><td>10</td><td>用经纬仪和尺或用其他测量仪器检查</td><td>承重墙、柱应全数检查</td></tr>
<tr><td>2</td><td colspan="3">基础、墙、柱顶面标高</td><td>±15</td><td>用水准仪和尺检查</td><td>不应少于5处</td></tr>
<tr><td rowspan="3">3</td><td rowspan="3">墙面垂直度</td><td colspan="2">每层</td><td>5</td><td>用 2 m 托线板检查</td><td>不应少于5处</td></tr>
<tr><td rowspan="2">全高</td><td>≤10 m</td><td>12</td><td rowspan="2">用经纬仪、吊线和尺或其他测量仪器检查</td><td rowspan="2">外墙全部阳角</td></tr>
<tr><td>＞10 m</td><td>20</td></tr>
<tr><td rowspan="2">4</td><td rowspan="2">表面平整度</td><td colspan="2">清水墙、栏</td><td>5</td><td rowspan="2">用 2 m 靠尺和楔形塞尺检查</td><td rowspan="2">不应少于5处</td></tr>
<tr><td colspan="2">混水墙、栏</td><td>8</td></tr>
<tr><td rowspan="2">5</td><td rowspan="2">水平灰缝平直度</td><td colspan="2">清水墙</td><td>7</td><td rowspan="2">拉 5 m 线或用尺检查</td><td rowspan="2">不应少于5处</td></tr>
<tr><td colspan="2">混水墙</td><td>10</td></tr>
<tr><td>6</td><td colspan="3">门窗洞口高、宽（后塞口）</td><td>±10</td><td>用尺检查</td><td>不应少于5处</td></tr>
<tr><td>7</td><td colspan="3">外墙上下窗口偏移</td><td>20</td><td>以底层窗口为准，用经纬仪或吊线检查</td><td>不应少于5处</td></tr>
<tr><td>8</td><td colspan="3">清水墙游丁走缝</td><td>20</td><td>以每层第一皮砖为准，用吊线和尺检查</td><td>不应少于5处</td></tr>
</table>

## （四）砖砌体结构施工主控项目

①砖和砂浆的强度等级必须符合设计要求。

②砌体灰缝砂浆应密实饱满，砖墙水平灰缝的砂浆饱满度不得低于 80%；砖柱水平灰缝和竖向灰缝饱满度不得低于 90%。

③砖砌体的转角处和交接处应同时砌筑，严禁无可靠措施的内外墙分砌施工。在抗震设防烈度为 8 度及 8 度以上的地区，对不能同时砌筑而又必须留置

的临时间断处应砌成斜槎，普通砖砌体斜槎水平投影长度不应小于高度的2/3。多孔砖砌体的斜槎长高比不应小于1/2。斜槎高度不得超过一步脚手架的高度。

④非抗震设防及抗震设防烈度为6度、7度地区的临时间断处，当不能留斜槎时，除转角处外，可留直槎，但直槎必须做成凸槎，且应加设拉结钢筋，拉结钢筋应符合下列规定：第一，钢筋数量为，每120 mm墙厚应设置1ϕ6拉结钢筋，当墙厚为120 mm时，应设置2ϕ6拉结钢筋。第二，间距沿着墙高不应超过500 mm，且竖向间距偏差不应超过100 mm。第三，埋入长度从留槎处算起每边均不应小于500 mm，对抗震设防烈度6度、7度的地区，不应小于1 000 mm。第四，拉结钢筋末端应有90°弯钩。

### （五）混凝土小型空心砌块砌体施工

用砌块代替烧结普通砖做墙体材料，是墙体改革的一个重要途径。近年来，中小型砌块在我国得到了广泛的应用。目前，工程中常用的小型空心砌块为混凝土小型空心砌块和轻集料混凝土小型空心砌块。混凝土小型空心砌块一般为空心构造，自重轻，不但减少了施工中的材料运输量，还可以减轻基础的负荷，使得地基处理相对容易。另外，还有施工速度快、砂浆用量少等优点。但是，混凝土小型空心砌块建筑容易产生裂（墙体开裂）、热（外墙保温隔热性能差）、漏（外墙易渗水）等质量通病，因此在施工中应采取相应的对策。

混凝土小型空心砌块砌体施工流程如下：抄平放线→干排第一皮、第二皮砌块→立皮数杆→砌块砌筑→清缝→原浆勾缝→自检。

砌块砌筑的主要工序如下：铺灰、砌块安装就位、校正、灌缝、镶砖。

#### 1.施工要点

①小砌块的产品龄期不应小于28 d，承重墙体使用的小砌块应完整、无破损、无裂缝。

②底层室内地面以下或防潮层以下的砌体，应采用强度等级不低于 C20（或 Cb20）的混凝土，灌实小砌块的孔洞。

③砌筑普通混凝土小型空心砌块砌体，不需对小砌块浇水湿润，如果天气干燥炎热，宜在砌筑前对其喷水湿润；对轻集料混凝小型空心砌块砌体，应提前浇水湿润，块体的相对含水率宜为 40%～50%。雨天及小砌块表面有浮水时，不得施工。

④小砌块墙体应孔对孔、肋对肋，错缝搭砌。单排孔小砌块的搭接长度应为块体长度的 1/2；多排孔小砌块的搭接长度可适当调整，但不宜小于小砌块长度的 1/3，且不应小于 90 mm。墙体的个别部位不能满足上述要求时，应在灰缝中设置拉结钢筋或钢筋网片，但竖向通缝仍不得超过两皮小砌块。

⑤应将小砌块生产时的底面朝上，反砌于墙上。

⑥砌体水平灰缝和竖向灰缝的砂浆饱满度，应按净面积计算且不得低于 90%。

⑦墙体转角处和纵横交接处应同时砌筑。临时间断处应砌成斜槎，斜槎水平投影长度不应小于斜槎高度。施工洞口可预留直槎，但在洞口砌筑和补砌时，应在直槎上下搭砌的小砌块孔洞内用强度等级不低于 C20（或 Cb20）的混凝土灌实。砌体的水平灰缝厚度和竖向灰缝宽度宜为 10 mm，最小不应小于 8 mm，最大不应大于 12 mm。

2.芯柱施工

芯柱的施工流程如下：芯柱砌块的砌筑→芯孔的清理→芯柱钢筋的绑扎→用水冲洗芯孔→隐检→封闭芯柱清扫口→孔底灌适量素水泥浆→浇筑灌孔混凝土→振捣→芯柱质量检查。

砌筑芯柱时，芯柱部位用通孔砌块砌筑，为保证芯孔截面尺寸（120 mm×120 mm），应将芯孔壁顶面和底面的飞边、毛刺打掉，以避免芯柱混凝土颈缩。注意施工中禁止使用半封底的砌块。

在楼地面砌筑第一皮砌块时，在芯柱部位采用开口砌块或 U 字形砌块作为清扫孔。边砌边清除伸入芯孔内的灰缝砂浆。避免灰缝砂浆、残留在砌块壁上的砂浆以及孔底砂浆影响芯柱混凝土的截面尺寸。

芯柱钢筋的大小按设计图要求，放在孔洞的中心位置。钢筋应与基础或基础梁上预埋的钢筋连接，上、下楼层的钢筋可以在楼板面上搭接，搭接长度应不小于 $40d$（$d$ 为钢筋直径）。当预埋钢筋位置有偏差时，应将钢筋斜向与芯柱内钢筋连接，禁止将预埋钢筋弯折与芯柱内钢筋连接。

浇筑混凝土前应用水冲洗孔洞内壁，将积水排出，进行隐检，然后用砌块或模板封闭清扫口，灌入适量的与灌孔混凝土配合比相同的水泥砂浆，并在混凝土的浇筑口放一块钢板。小型砌块墙砌筑完一个楼层高度，芯柱砌块的砌筑砂浆强度大于 1 MPa 时，方可浇筑混凝土。

混凝土应分层浇筑，每浇 400～500 mm 高度需振实一次，或边浇筑边振捣。严禁浇满一个楼层后再振捣，振捣宜采用机械式振捣。当现浇圈梁与芯柱一起浇筑时，在未设芯柱部位的孔洞应设钢筋网片，以避免混凝土灌入砌块孔洞内。楼板在芯柱部位应留缺口，以保证芯柱贯通。

芯柱混凝土不得漏浇。浇筑时应严格核实混凝土灌入量，确认其密度后，方可继续施工。目前，常用的检查芯柱混凝土质量的方法是锤击法，质量检查人员用小锤在芯柱砌块的外壁进行敲打，听声音的变化来判断浇入孔洞中混凝土的质量。

## 二、混凝土结构施工

### （一）模板

模板系统包括模板、支架和紧固件三个部分。模板又称模型板，是现浇混凝土成型用的模型。支承模板及承受作用在模板上的荷载的结构（如支柱、桁架等）均称为支架。模板及其支架应根据工程结构形式、荷载大小、地基土类别、施工设备和材料供应等条件进行设计。模板及其支架应有足够的承载力、刚度和稳定性，能可靠地承受浇筑混凝土的重量、侧压力及施工荷载。同时，必须符合下列规定：保证工程结构和构件各部位形状尺寸和相互位置的正确；构造简单，装拆方便，便于钢筋的绑扎与安装，便于混凝土的浇筑与养护等；接缝严密，不得漏浆。

模板种类有很多，按其所用的材料不同可分为木模板、钢模板、钢木模板、钢竹模板、胶合板模板、塑料模板、铝合金模板等；按其结构类型的不同可分为基础模板、柱模板、楼板模板、墙模板、壳模板和烟囱模板等；按其板条形式不同分为整体式模板、定型模板、工具式模板、滑升模板、胎模板等。

#### 1.木模板

木模板一般是在木工车间或木工棚加工成基本组件，然后在现场进行拼装。拼板由板条用拼条钉成，如图 3-5 所示。板条厚度一般为 25～50 mm，宽度不大于 200 mm，以保证在干缩时缝隙均匀，浇水后易于密封，受潮后不易翘曲。梁底的拼板由于受到较大荷载，需要加厚至 40～50 mm。拼条根据受力情况可平放或立放。拼条间距取决于所浇筑混凝土的侧压力和板条厚度，一般为 400～500 mm。

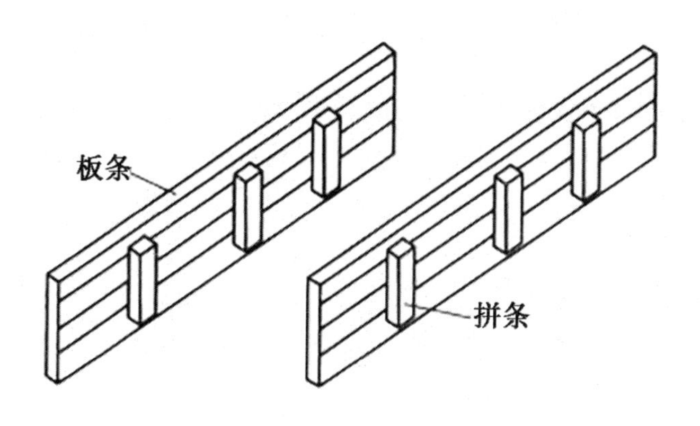


图 3-5　拼板的构图

①基础模板。基础的特点是高度不大但体积较大。基础模板一般利用地基或基槽（坑）进行支撑。如土质良好，基础的最下一级可不用模板，直接原槽浇筑。安装时，要保证上下模板不发生相对位移。如为杯形基础，则要在其中放入杯口模板。

②柱模板。柱子的特点是断面尺寸不大但高度较大。柱模板由内拼板夹在两块外拼板之内组成，亦可用短横板代替外拼板钉在内拼板上。在安装柱模板前，应先绑扎好钢筋，测出标高并标注在钢筋上，同时在已浇筑的基础顶面或楼面上固定好柱模板底部的木框，在内外拼板上弹出中心线，根据柱边线及木框竖立模板，并用临时斜撑固定，然后由顶部用锤球校正，使其垂直。检查无误后，即用斜撑钉牢、固定。同在一条轴线上的柱，应先校正两端的柱模板，再从柱模板上口中心线拉一钢丝来校正中间的柱模板。柱模板之间，要用水平撑及剪刀撑相互拉结。

③梁模板。梁的特点是跨度大而宽度不大，梁底一般是架空的。梁模板主要由底模、侧模、夹木及支架系统组成。底模用长条模板加拼条拼成，或用整块板条。梁模板安装时，沿梁模板下方地面向上铺垫板，在柱模板缺口处钉衬口挡，把底板搁置在衬口挡上；接着，立起靠近柱或墙的顶撑，再将梁按长度

等分，立中间部分顶撑，顶撑底下打入木楔，并检查、调整标高；然后，放上侧模板，两头钉于衬口挡上，在侧板底外侧铺钉夹木，再钉上斜撑和水平拉条。有主次梁模板时，要待主梁模板安装并校正后才能进行次梁模板安装。梁模板安装后再拉中线检查、复核各梁模板中心线位置是否正确。

④楼板模板。楼板的特点是面积大而厚度比较薄，侧向压力小。楼板模板及其支架系统，主要承受钢筋、混凝土的自重及其施工荷载，应保证模板不变形。

2.组合钢模板

组合钢模板是一种工具式模板，是由一定模数、若干类型的板块，通过连接件和支承件组合成多种尺寸、结构和几何形状的模板，以适应各种类型建筑物的梁、柱、板、墙、基础和设备等施工的需要。施工时可在现场直接组装，也可用其拼装成大模板、滑模、隧道模和台模等，可用起重机吊运安装。

组合钢模板组装灵活，通用性强，拆装方便；每套钢模可重复使用 50～100 次；加工精度高，浇筑混凝土的质量好，成型后的混凝土尺寸准确，棱角整齐，表面光滑，可以节省装修用工。

（1）钢模板

钢模板包括平面模板、阳角模板、阴角模板和连接角模。钢模板采用模数制设计，宽度模数以 50 mm 进级，长度为 150 mm 进级，可适应横竖拼装成以 50 mm 进级的任何尺寸的模板。平面模板用于基础、墙体、梁、板、柱等各种结构的平面部位，它由面板和肋组成，面板厚为 2.3 mm 或 2.5 mm，肋上设有 U 形卡孔和插销孔，利用 U 形卡和 L 形插销等拼装成大块板。阳角模板主要用于混凝土构件阳角。阴角模板用于混凝土构件阴角，如内墙角、水池内角及梁板交接处阴角等。连接角模用于两块平模板作垂直连接构成 90° 阳角。

（2）连接配件

定型组合钢模板连接配件包括 U 形卡、L 形插销、钩头螺栓、对拉螺栓、紧固螺栓、扣件等。U 形卡是模板的主要连接件，用于相邻模板的拼装。其安装间距一般不大于 300 mm，即每隔一孔卡插一个，安装方向一顺一倒相互错开；L 形插销用于插入两块模板纵向连接处的插销孔内，以增强模板纵向接头处的刚度；钩头螺栓用于连接模板与支撑系统的连接件；紧固螺栓用于内、外钢楞之间的连接件；对拉螺栓又称穿墙螺栓，用于连接墙壁两侧模板，保持墙壁厚度，承受混凝土侧压力及水平荷载，使模板不致变形；扣件用于钢楞之间或钢楞与模板之间的扣紧，按钢楞的不同形状，分别采用蝶形扣件和“3”形扣件。

（3）支撑件

定型组合钢模板的支撑件包括钢楞、柱箍、支架、斜撑、钢管脚手支架及钢桁架等。

①钢楞又称龙骨，主要用于支撑钢模板并加强其整体刚度。钢楞的材料有圆钢管、矩形钢管、内卷边槽钢、轻型槽钢、轧制槽钢等，可根据设计要求和供应条件选用。

②柱箍又称柱卡箍、定位夹箍，是用于直接支撑和夹紧各类柱模的支撑件，可根据柱模的外形尺寸和侧压力的大小来选用。

③梁卡具也称梁托架，是一种将大梁、过梁等钢模板夹紧固定的装置，并承受混凝土侧压力，其种类较多。

④圈梁卡用于圈梁、过梁、地基梁等方（矩）形梁侧模的夹紧、固定，目前各地使用的形式多样。

⑤斜撑。由组合钢模板拼成整片墙模或柱模，在吊装就位后，下端垫平，紧靠定位基准线，模板应用斜撑调整和固定其垂直位置。

⑥钢管脚手支架主要用于层高较大的梁、板等水平构件模板的垂直支撑。目前，常用的有扣件式钢管脚手架和碗扣式钢管脚手架，也有采用门式支架的。

⑦钢桁架用于楼板、梁等水平模板的支架，可以节省模板支撑和扩大施工空间，加快施工速度。

### 3.其他新型模板

（1）大模板

大模板是指单块模板高度相当于楼层的层高、宽度，约等于房间宽度或进深的大块定型模板，在高层建筑施工中用于混凝土墙体侧模板。大模板建筑整体性好、抗震性强、机械化施工程度高，可以简化模板的安装和拆除工序，劳动强度低。但也存在通用性差、一次投资多、耗钢量大等缺点。

（2）滑升模板

在建筑物或构筑物底部，沿其墙、柱、梁等构件的周边一次性组装高 1.2 m 左右的滑动模板，在向模板内不断分层浇筑混凝土的同时，不断向上绑扎钢筋，同时用液压提升设备，使模板不断向上滑动，使混凝土连续成型，直至达到需要浇筑的高度为止。滑升模板适用于现场浇筑高耸圆形、矩形、简壁结构，如烟囱、筒仓、电视塔、竖井、沉井、双曲线冷却塔、剪力墙体系及简体体系的高层建筑等。滑升模板可以节省大量模板和支撑材料，加快施工进度，降低工程费用，但滑升模板设备一次性投资较多，耗钢量较大，对建筑立面造型和构件断面变化有一定的限制。

（3）爬升模板

爬升模板即爬模，也称跳模，是用于现浇混凝土竖直或倾斜结构施工的工具式模板，可分为有架爬模（即模板爬山架子、架子爬模板）和无架爬模。

有架爬升模板如图 3-6 所示，由悬吊着的大模板、提升架和提升设备三部分组成。爬升模板采用整片式大模板，模板由面板及肋组成，不需要支承系统；

提升设备采用电动螺杆提升机、液压千斤顶或手拉葫芦。

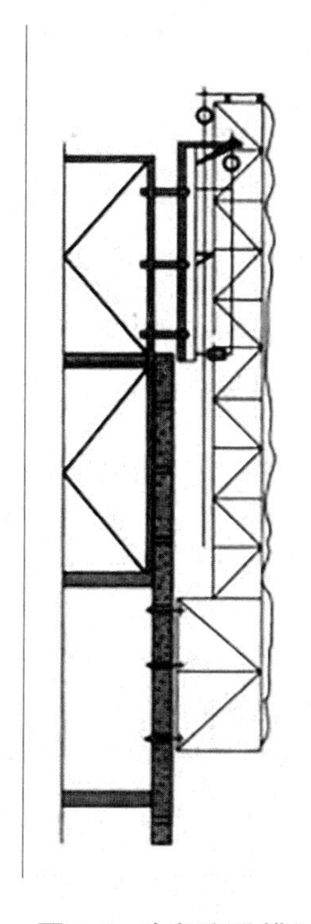

图 3-6　有架爬升模板

（4）隧道模板

隧道模板是用于同时整体浇筑墙体和楼板的大型工具式模板，因它的外形像隧道，故称隧道模板。其能将各开间沿水平方向逐间、逐段整体浇筑，施工建筑物整体性好、抗震性能好，一次性投资大，模板起吊和转运需较大起重机。

隧道模板分为全隧道模板和半隧道模板。全隧道模板自重大，推移时需铺设轨道；半隧道模板有两个，对拼在一起，两个半隧道模板的宽度可以不同，中间增加一块不同尺寸的插板，即可满足不同开间所需要的宽度。

（5）台模

台模是用于浇筑平板或带边梁楼板的大型工具式模板，其由一块等于房间开间面积的大模板和其下的支架及调整装置组成，因其外形像桌子，故称台模或桌模。台模按照支承形式可分为支腿式和无支腿式两类。支腿式有伸缩式和折叠式之分；无支腿式悬架于墙或柱顶，也称悬架式。

支腿式台模由面板（胶合板或定型组合钢模板）、支撑框架等组成。支撑框架的支腿底部一般配有轮子。浇筑后，待混凝土达到规定强度，落下台面，将台模推出墙面放在临时挑台上，再用起重机吊运至上层或其他施工段；也可以不用挑台，推出墙面后直接吊运。利用台模施工可以省去模板的装拆时间，能降低劳动消耗，加快施工速度，但一次性投资较大。

### （二）钢筋

#### 1.钢筋验收

钢筋进场时，应当按照现行国家标准《钢筋混凝土用钢 第 1 部分：热轧光圆钢筋》（GB/T 1499.1—2017）和《钢筋混凝土用钢 第 2 部分：热轧带肋钢筋》（GB/T 1499.2—2018）规定，抽取试件做力学性能和重量偏差检验，检验结果必须符合有关标准的规定。

检查数量：按照进场的批次和产品的抽样检验方案确定。

检验方法：检查产品合格证、出厂检验报告和进场复验报告。

钢筋应当具有出厂质量证明书或试验报告单，每捆（盘）钢筋均应当有标牌。运至工地后，应按照炉罐（批）号及直径分别堆放，分批验收。验收内容包括标牌、外观的检查，并按照有关标准规定的试样做力学性能试验，合格后方可使用。

钢筋的外观检查包括：钢筋应当平直、无损伤，表面不得有裂纹、油污、颗粒状或片状锈蚀，钢筋表面凸块不允许超过螺纹的高度，钢筋的外形尺寸应符合有关规定。

热轧钢筋的力学性能检验要求：同规格、同炉罐（批）号的不超过 60 t 钢筋为一批，每批钢筋中任选两根，每根取两个试样分别进行拉伸试验（测屈服点、抗拉强度和伸长率三项）和冷弯试验。如有一项试验结果不符合规定，则从同一批中另取双倍数量试样重做各项试验。如仍有一个试样不合格，则该批钢筋为不合格，应当降级使用。对有抗震要求的框架结构纵向受力钢筋进行检验时，所得的实测值应当符合下列要求。

①钢筋的抗拉强度实测值与屈服强度实测值的比值应不小于 1.25。

②钢筋的屈服强度实测值与钢筋强度标准值的比值，当按照一级抗震设计时，应不大于 1.25；当按照二级抗震设计时，应不大于 1.4。

钢筋运至现场后，必须严格按批分等级、牌号、直径、长度等挂牌存放，并注明数量，不得混淆。应当堆放整齐，避免锈蚀和污染，堆放钢筋的下面要加垫木，离地一定距离；有条件时，尽量堆入仓库或料棚内。

### 2.钢筋加工

（1）钢筋调直

直径在 10 mm 以下的光圆钢筋通常以盘卷供货，针对盘卷供货的钢筋需要在加工之前进行调直。钢筋调直的方法有手工调直与机械调直。

手工调直冷拔低碳钢筋可以通过导轮牵引调直。盘卷钢筋通过导轮后若有局部慢弯，可以用小锤敲直。盘卷钢筋可以用绞盘拉直，直条粗钢筋弯曲拉直较缓慢，可以用扳手就势调直。

机械调直是通过钢筋调直机或卷扬机调直，钢筋调直机可以用于调直直径为 6～14 mm 的圆盘钢筋，并且根据需要长度自动切断钢筋，在调直过程中可将钢筋表面的氧化物、铁锈和污物直接除掉。

钢筋调直机主要是通过高速飞转的调直筒，带动调直块将钢筋连续地矫正，从而完成钢筋的调直工作，可准确地控制钢筋的断料长度，并能自动计数。

卷扬机拉直设备，两端采用地锚承载力。冷拉滑轮组回程采用荷重架，标尺伸长。在使用卷扬机拉直时应注意控制冷拉率，HPB300 级钢筋的冷拉率不宜大于 4%，HRB335 级钢筋、HRB400 级钢筋的冷拉率不宜大于 1%。

根据《混凝土结构工程施工质量验收规范》（GB 50204—2015）的规定，盘卷钢筋调直后应进行力学性能和重量偏差检验，其强度应符合现行国家标准的规定，其断后伸长率、重量负偏差应符合规定。重量负偏差不符合要求时，调直钢筋不得复检。在使用机械调直时，应注意加工区域的安全，防止发生安全事故。对于调直好的钢筋应按照级别、直径、长短、数量分别堆放。

（2）钢筋除锈

为保证钢筋与混凝土之间的黏结力，《混凝土结构工程施工质量验收规范》（GB 50204—2015）中规定，钢筋表面不得有锈片状老锈，针对产生锈蚀的钢筋应除锈。在加工钢筋之前，首先应对钢筋的表面进行检查，根据实际状况确定合适的处理方法。

除锈的检验：经过除锈处理的钢筋表面，不应有颗粒状或片状的老锈。在除锈过程中，发现钢筋表面的氧化皮脱落严重并且已经损伤钢筋截面的应该降级使用或剔除不用。除锈后钢筋表面仍有严重麻坑、斑点腐蚀界面时，也应降级使用或剔除不用。

（3）钢筋剪切

钢筋切断时采用的机具设备有钢筋切断机和手动液压切断器。其切断工艺如下。

①将同规格钢筋根据不同长度长短搭配，统筹排料；一般应先断长料，后断短料，减少短头，减少损耗。

②断料时应避免用短尺量长料，防止在量料中产生累计误差。

③钢筋切断机的刀片，应由工具钢热处理制成。

④在切断过程中，若钢筋有劈裂、缩头或严重的弯头等必须切除；若钢筋的硬度与该钢筋有较大的出入，应及时向有关人员反映，查明情况。

⑤钢筋的断口，不得有马蹄形或起弯等现象。

（4）钢筋弯曲

受力钢筋的弯折和弯钩应符合下列规定。

①HPB300 级钢筋末端应做 180° 弯钩，弯弧内直径不应小于钢筋直径的 2.5 倍，弯钩的弯后平直部分长度不应小于钢筋直径的 3 倍。

②设计要求钢筋末端做 135° 弯钩时，HRB335 级、HRB400 级钢筋的弯弧内直径不应小于钢筋直径的 4 倍，弯钩后的平直长度应符合设计要求。

③钢筋做不大于 90° 的弯折时，弯折处的弯弧内直径不应小于钢筋直径的 5 倍。

除焊接封闭箍筋外，箍筋、拉筋的末端应按设计要求做弯钩。当设计无具体要求时，应符合下列规定。

①箍筋弯钩的弯弧内直径除应满足受力钢筋的弯折和弯钩的规定外，还不应小于受力钢筋直径。

②箍筋弯钩的弯折角度：一般结构不宜小于 90°；有抗震等要求的结构弯钩应为 135°。

③弯钩后平直部分长度：一般结构不应小于箍筋直径的 5 倍；有抗震等要求的结构不应小于箍筋直径的 10 倍。

3.钢筋连接

钢筋的连接方法有焊接连接、绑扎搭接连接和机械连接。在进行钢筋连接时，应注意以下问题。

①钢筋接头宜设置在受力较小处，同一根钢筋不宜设置 2 个以上接头，同一构件中的纵向受力钢筋接头宜相互错开。

②直径大于 12 mm 的钢筋，应优先采用焊接接头或机械连接接头。

③轴心受拉和小偏心受拉构件的纵向受力钢筋、直径大于 28 mm 的受拉钢筋、直径大于 32 mm 的受压钢筋不得采用绑扎搭接接头。

④直接承受动力荷载的构件、纵向受力钢筋不得采用绑扎搭接接头。

### （三）混凝土

混凝土工程分为现浇混凝土工程和预制混凝土工程两类，是钢筋混凝土结构工程的重要组成部分。混凝土工程包括配料、搅拌、运输、浇筑、振捣和养护等工序。在混凝土工程施工中，各工序之间紧密联系，相互影响，任一工序施工不当，都会影响混凝土工程的最终质量。混凝土施工不仅要保证构件有设计要求的外形，而且要获得混凝土结构的强度、刚度、密实性和整体性。

#### 1.混凝土配料

混凝土是由胶凝材料、粗骨料、细骨料、水组成，需要时掺外加剂和矿物掺合料，按设计配合比配料，经均匀拌制、筛选石子密实成型、养护硬化而成的人造石材。混凝土组成材料的质量及其配合比是保证混凝土质量的前提。因此施工中对混凝土施工配合比应严格控制。

混凝土的施工配合比，应满足结构设计对混凝土强度等级的要求及施工对混凝土和易性的要求，并应符合合理使用材料、节约水泥的原则。同时，还应符合抗冻性、抗渗性等耐久性要求。

#### 2.混凝土搅拌

（1）加料顺序

确定混凝土各原材料投料顺序，应当考虑保证混凝土的搅拌质量，减少机械磨损和水泥飞扬，常采用一次投料法、二次投料法。

①一次投料法。将砂、石、水泥和水一起加入搅拌筒内进行搅拌。搅拌混

凝土前，先在料斗中装入石子，再装水泥及砂。水泥位于砂、石之间，上料时要减少水泥飞扬。同时，水泥及砂子不能粘住斗底。料斗将砂、石、水泥倾入搅拌机，同时加水。该法工序简单，常被采用。

②二次投料法。二次投料法分为预拌水泥砂浆法和预拌水泥净浆法。

预拌水泥砂浆法是先将水泥、砂和水加入搅拌筒内进行充分搅拌，成为均匀的水泥砂浆后，再加入石子搅拌成均匀的混凝土。

预拌水泥净浆法是先将水泥和水充分搅拌成均匀的水泥净浆，再加入砂和石搅拌成混凝土。

（2）搅拌时间

搅拌时间是指从全部材料投入搅拌筒中起，至开始卸料为止所经历的时间，其与搅拌质量密切相关。如搅拌时间过短，混凝土搅拌不均匀，会影响混凝土强度及和易性；如搅拌时间过长，混凝土均质并不能显著增加，反而使混凝土和易性降低，同时影响混凝土搅拌机生产率。加气混凝土也会因搅拌时间过长而使其含气。

（3）一次投料量

施工配合比换算以每立方米混凝土为计算单位，搅拌时要根据搅拌机的出料容量（即一盘可搅拌出的混凝土量）来确定一次投料量。

### 3.混凝土运输

混凝土在运输过程中，应满足下列要求。

①在运输过程中应保持混凝土的均质性，不发生离析现象。

②混凝土运至浇筑点开始浇筑时，应满足设计配合比所规定的坍落度。

③应保证在混凝土初凝之前能有充分的时间进行浇筑和振捣。

### 4.混凝土浇筑

混凝土浇筑前，应对模板、钢筋、支架和预埋件进行检查；检查模板的位置、标高、尺寸、强度和刚度是否符合要求，接缝是否严密，预埋件位置和数量是否符合图样要求；检查钢筋的规格、数量、位置、接头和保护层厚度是否正确；清理模板上的垃圾和钢筋上的油污，浇水湿润木模板；填写隐蔽工程记录。

5.混凝土养护

浇捣后的混凝土凝结硬化后，主要是水泥水化的结果，而水化作用需要适当的温度和湿度。如气候炎热、空气干燥，令混凝土中水分蒸发过快，出现脱水现象，使已形成凝胶体的水泥颗粒不能充分水化，不能转化为稳定的结晶，缺乏足够的黏结力，影响混凝土强度。混凝土养护就是创造一个具有适宜温度和湿度的环境，使混凝土凝结硬化，达到设计要求的强度。

## 三、预应力混凝土施工

预应力混凝土是近几十年来发展起来的一门新技术，它是在构件承受外荷载前，预先在构件的受拉区对混凝土施加预压力，这种压力通常称为预应力。构件在使用阶段的外荷载作用下产生的拉应力，首先要抵消预压应力，这就推迟了混凝土裂缝的出现，同时也限制了裂缝的开展，从而提高了构件的抗裂度和刚度。对混凝土构件受拉区施加预压应力的方法，是张拉受拉区中的预应力筋，通过预应力筋和混凝土间的黏结力或锚具，将预应力钢筋的弹性收缩力传递到混凝土构件中，并产生预压应力。

### （一）预应力筋的种类

主要有冷拉钢筋、高强钢丝、钢绞线、热处理钢筋等。

1.冷拉钢筋

冷拉钢筋是将 HRB335 级、HRB400 级、RRB400 级热轧钢筋在常温下张拉到超过屈服点的某一应力，使其产生一定的塑性变形后卸荷，再经时效处理而成。冷拉钢筋的塑性和弹性模量有所降低而屈服强度和硬度有所提高，可直接用作预应力钢筋。

2.高强钢丝

高强钢丝是用优质碳素钢热轧盘条经冷拔制成，然后可用机械方式对钢丝进行压痕处理，形成刻痕钢丝，对钢丝进行低温（一般低于 500 ℃）矫直回火处理后便成为矫直回火钢丝。常用的高强钢丝分为冷拉和矫直回火两种，按外形分为光面、刻痕和螺旋肋三种。预应力钢丝经矫直回火后，可消除钢丝冷拔过程中产生的残余应力，这种钢丝通常被称为消除应力钢丝。消除应力钢丝的松弛损失虽比消除应力前低一些，但仍然较高，经“稳定化”处理后，钢丝的松弛值仅为普通钢丝的 0.25～0.33，这种钢丝被称为低松弛钢丝，目前已在国内外广泛应用。常用的高强钢丝的直径有 4.0 mm、5.0 mm、6.0 mm、7.0 mm、8.0 mm 和 9.0 mm 等几种。

3.钢绞线

钢绞线一般是由几根碳素钢丝围绕一根中心钢丝在绞丝机上绞成螺旋状，再经低温回火制成。钢绞线的直径较大，一般为 9～15 mm，较柔软，施工方便，但价格较贵。钢绞线的强度较高。钢绞线规格有 2 股、3 股、7 股和 19 股等。7 股钢绞线由于面积较大、柔软、施工定位方便，适用于先张法和后张法预应力结构与构件。

4.热处理钢筋

热处理钢筋是由普通热轧中碳合金钢经淬火和回火调质热处理制成，具有高强度、高韧性和高黏结力等优点，直径为 6～10 mm。成品钢筋为直径 2 m

的弹性盘卷，每盘长度为100～120 m。热处理钢筋的螺纹外形有带纵肋和无纵肋两种。

## （二）对混凝土的要求

预应力混凝土结构对混凝土的要求如下。

（1）高强度

预应力混凝土结构的混凝土强度等级不应低于C30，不宜低于C40。

（2）收缩、徐变小

这样可减少由于混凝土收缩、徐变而引起的预应力损失。

（3）快硬、早强

以便及早地施加预应力，加快施工进度，提高设备、模板等利用率，从而降低造价。

## （三）预应力的施加方法

对构件施加预应力的方法有很多，一般多采用张拉钢筋的方法。根据张拉钢筋与浇筑混凝土的先后顺序不同，施加预应力的方法可分为先张法和后张法。

### 1.先张法

先张法是指在浇筑混凝土前张拉钢筋的方法。首先在台座或钢模上张拉钢筋至设计规定的拉力，用夹具临时固定钢筋，然后浇筑混凝土。当混凝土达到设计强度的75%及以上时，切断钢筋。被切断的钢筋将产生弹性回缩，使混凝土受到预压压力。

### 2.后张法

后张法是指混凝土结硬后在构件上张拉钢筋的方法。首先预留孔道并浇筑混凝土。当混凝土强度达到设计强度的75%及以上后，在孔道中穿预应力筋并张拉钢筋至设计拉力。这样，在张拉钢筋的同时，混凝土受到预压。

## 第三节　装饰装修工程施工技术

### 一、抹灰

抹灰用的水泥宜为硅酸盐水泥、普通硅酸盐水泥，其强度等级不应小于32.5。不同品种、不同强度等级的水泥不得混合使用。抹灰用砂子宜选用中砂，砂子使用前应过筛，以保证砂子中不含有杂物。抹灰用石灰膏的熟化期不应少于15 d，罩面用磨细石灰粉的熟化期不应少于3 d。

不同材料基体交接处表面的抹灰应采取防止开裂的加强措施。室内墙面、柱面和门洞口的阳角做法应符合设计要求；设计无要求时，应采用1∶2水泥砂浆做暗护角，其高度不应低于2 m，每侧宽度不应小于50 mm。水泥砂浆抹灰层应在抹灰24 h后进行养护。

基层处理应符合下列规定：砖砌体，应清除表面杂物、尘土，抹灰前应洒水湿润；混凝土，表面应凿毛或在表面洒水润湿后涂刷1∶1水泥砂浆（加适量胶黏剂）；加气混凝土，应在湿润后边刷界面剂边抹强度等级不小于M5的水泥混合砂浆。

大面积抹灰前应设置标筋。抹灰应分层进行，每遍厚度宜为5～7 mm。抹石灰砂浆和水泥混合砂浆每遍厚度宜为7～9 mm。当抹灰总厚度超出35 mm

时，应采取加强措施。用水泥砂浆和水泥混合砂浆抹灰时，应待前一抹灰层凝结后方可抹后一层；用石灰砂浆抹灰时，应待前一抹灰层七八成干后方可抹后一层。

## 二、吊顶

后置埋件、金属吊杆、龙骨应进行防腐处理。木吊杆、木龙骨、造型木板和木饰面板应进行防腐、防火、防蛀处理。

重型灯具、电扇及其他重型设备严禁安装在吊顶龙骨上。

### （一）龙骨安装

龙骨安装应符合下列规定。

①应根据吊顶的设计标高在四周墙上弹线。弹线应清晰、位置应准确。

②龙骨吊点间距、起拱高度应符合设计要求。当设计无要求时，吊点间距应小于 1.2 m，应按房间短向跨度适当起拱。主龙骨安装后应及时校正其位置标高。

③吊杆应通直，与主龙骨端部距离不得超过 300 mm。当吊杆与设备相遇时，应调整吊点构造或增设吊杆。

④次龙骨应紧贴主龙骨安装。固定板材的次龙骨间距不得大于 600 mm，在潮湿地区和场所，间距宜为 300～400 mm。用沉头自攻钉安装饰面板时，接缝处次龙骨宽度不得小于 40 mm。

⑤暗龙骨系列的横撑龙骨应用连接件将其两端连接在通长次龙骨上。明龙骨系列的横撑龙骨与通长龙骨搭接处的间隙不得大于 1 mm。

### （二）纸面石膏板和纤维水泥加压板安装

纸面石膏板和纤维水泥加压板安装应符合下列规定。

①板材应在自由状态下进行安装，固定时应从板的中间向板的四周固定。

②纸面石膏板螺钉与板边距离：纸包边宜为10～15 mm，切割边宜为15～20 mm。水泥加压板螺钉与板边距离宜为8～15 mm。

③板周边钉距宜为150～170 mm，板中钉距不得大于200 mm。

④安装双层石膏板时，上下层板的接缝应错开，不得在同一根龙骨上接缝。

⑤螺钉头宜略埋入板面，并不得使纸面破损。钉眼应做防锈处理并用腻子抹平。

⑥石膏板接缝应按设计要求进行板缝处理。

### （三）石膏板和铝塑板安装

石膏板、铝塑板的安装应符合下列规定。

①当采用钉固法安装时，螺钉与板边距离不得小于15 mm，螺钉间距宜为150～170 mm，均匀布置，并应与板面垂直，钉帽应进行防锈处理，并应用与板面颜色相同的涂料涂饰或用石膏腻子抹平。

②当采用粘接法安装时，胶黏剂应涂抹均匀，不得漏涂。

## 三、轻质隔墙

### （一）轻钢龙骨安装

轻钢龙骨安装应符合下列规定。

①应按弹线位置固定沿地龙骨、沿顶龙骨及边框龙骨，龙骨的边线应与弹

线重合。龙骨的端部应安装牢固，龙骨与基体的固定点间距应不大于 1 m。

②龙骨竖向安装时，一定要保持绝对垂直，龙骨间距应符合设计要求。遇到潮湿房间和钢板网抹灰墙时，龙骨间距不宜大于 400 mm。

③安装支撑龙骨时，应先将支撑卡安装在竖向龙骨的开口方向，卡距宜为 400～600 mm，与龙骨两端的距离宜为 20～25 mm。

④安装贯通系列龙骨时，低于 3 m 的隔墙安装一道，3～5 m 隔墙安装两道。

⑤饰面板横向接缝处不在沿地龙骨、沿顶龙骨上时，应加横撑龙骨固定。

### （二）木龙骨安装

木龙骨的安装应符合下列规定。

①木龙骨的横截面积及纵、横向间距应符合设计要求。

②骨架横、竖龙骨宜采用开半榫、加胶、加钉连接。

③安装饰面板前应对龙骨进行防火处理。

### （三）纸面石膏板安装

纸面石膏板的安装应符合以下规定。

①石膏板宜竖向铺设，长边接缝应安装在竖龙骨上。

②龙骨两侧的石膏板与龙骨一侧的双层板的接缝应错开，不得在同一根龙骨上接缝。

③轻钢龙骨应用自攻螺钉固定，木龙骨应用木螺钉固定。

④安装石膏板时应从板的中部向板的四边固定。钉头略埋入板内，但不得损坏纸面，钉眼应进行防锈处理。

⑤石膏板的接缝应按设计要求进行板缝处理。石膏板与周围墙或柱应留有 3 mm 的槽口，以便进行防开裂处理。

### （四）胶合板安装

胶合板安装应符合下列规定。

①胶合板安装前应对板背面进行防火处理。

②轻钢龙骨应采用自攻螺钉固定。木龙骨采用圆钉固定时，钉距宜为80～150 mm，钉帽应砸扁；采用钉枪固定时，钉距宜为80～100 mm。

③阳角处宜做护角。

④胶合板用木压条固定时，固定点间距不应大于200 mm。

### （五）玻璃砖墙安装

玻璃砖墙安装应符合下列规定。

①玻璃砖墙宜以1.5 m高为一个施工段，待下部施工段胶凝材料达到设计强度后再进行上部施工。

②当玻璃砖墙面积过大时应增加支撑。玻璃砖墙的骨架应与结构连接牢固。

③玻璃砖应排列均匀整齐，表面平整，嵌缝的油灰或密封膏应饱满密实。

## 四、墙面铺装

湿作业施工现场的环境温度宜在5 ℃以上；裱糊时空气相对湿度不得大于85%，应防止湿度与温度发生剧烈变化。

### （一）墙面砖铺贴

墙面砖铺贴应符合下列规定。

①墙面砖铺贴前应进行挑选，并应浸水 2 h 以上，再晾干表面水分。

②铺贴前应进行放线定位和排砖，非整砖应排放在次要部位或阴角处。每面墙不宜有两列非整砖，非整砖宽度不宜小于整砖的 1/3。

③铺贴前应确定水平及竖向标志，垫好底尺，挂线铺贴。墙面砖表面应平整、接缝应平直、缝宽应均匀一致。阴角砖应压向正确，阳角线宜做成 45° 角对接，在墙面突出物处，应整砖套割吻合，不得用非整砖拼凑铺贴。

④结合层砂浆宜采用 1∶2 水泥砂浆，砂浆厚度宜为 6～10 mm。水泥砂浆应满铺在墙砖背面，一面墙不宜一次铺贴到顶，以防塌落。

### （二）墙面石材铺装

墙面石材铺装应符合下列规定。

①墙面石材铺装前应进行挑选，并应按设计要求进行预拼。

②强度较低或较薄的石材应在背面粘贴玻璃纤维网布。

③当采用湿作业法施工时，固定石材的钢筋网应与预埋件连接牢固。每块石材与钢筋网拉接点不得少于 4 个。拉接用金属丝应具有防锈性能。灌注砂浆前应将石材背面及基层湿润，并应用填缝材料临时封闭石材板缝，避免漏浆。灌注砂浆宜用 1∶2.5 水泥砂浆，灌注时应分层进行，每层灌注高度宜为 150～200 mm，且不超过板高的 1/3，插捣应密实。待其初凝后方可灌注上层水泥砂浆。

④当采用粘贴法施工时，基层处理应平整但不应压光。胶黏剂的配合比应符合产品说明书的要求。胶液应均匀、饱满地刷抹在基层和石材背面，石材就位时应准确，并应立即挤紧、找平、找正，进行顶、卡固定。溢出胶液应随时清除。

### （三）木装饰装修墙制作安装

木装饰装修墙制作安装应符合下列规定。

①打孔安装木砖或木楔，深度应不小于 40 mm，木砖或木楔应做防腐处理。

②龙骨间距应符合设计要求。当设计无要求时，横向间距宜为 300 mm，竖向间距宜为 400 mm。龙骨与木砖或木楔连接应牢固。

## 五、涂饰

混凝土或抹灰基层涂刷溶剂型涂料时，含水率不得大于 8%；涂刷水性涂料时，含水率不得大于 10%；木质基层含水率不得大于 12%。施工现场环境温度宜在 5～35 ℃，并应注意通风换气和防尘。涂饰施工的方法主要有以下几种。

### （一）滚涂法

将蘸取漆液的毛辊先按 W 形将涂料大致涂在基层上，然后用不蘸取漆液的毛辊紧贴基层上下、左右来回滚动，使漆液在基层上均匀展开，最后用蘸取漆液的毛辊按一定方向满滚一遍。阴角及上、下口宜采用排笔刷涂找齐。

### （二）喷涂法

喷枪压力宜控制在 0.4～0.8 MPa 范围内。喷涂时喷枪与墙面应保持垂直，距离宜在 500 mm 左右。两行重叠宽度宜控制在喷涂宽度的 1/3。

### （三）刷涂法

宜按先左后右、先上后下、先难后易、先边后面的顺序进行。

木质基层涂刷调和漆：先满刷一遍清油，待其干后用油腻子将钉孔、裂缝、残缺处嵌刮平整，干后打磨光滑，再刷中层和面层油漆。

对泛碱、析盐的基层应先用 3%的草酸溶液清洗，然后用清水冲刷干净或在基层上满刷一遍耐碱底漆，待其干后刮腻子，再涂刷面层涂料。

浮雕涂饰的中层涂料应颗粒均匀，用专用塑料辊蘸煤油或水均匀滚压，待完全干燥固化后，才可进行面层涂饰。面层为水性涂料时应采用喷涂，面层为溶剂型涂料时应采用刷涂。

## 六、地面

### （一）石材、地面砖铺贴

石材、地面砖铺贴应符合下列规定。

①石材、地面砖铺贴前应浸水湿润。天然石材铺贴前应进行对色、拼花并试拼、编号。

②结合层砂浆宜采用 1∶3 的干硬性水泥砂浆，厚度宜高出实铺厚度 2～3 mm。铺贴前应在水泥砂浆上刷一道水灰比为 1∶2 的素水泥浆或干铺水泥 1～2 mm 后洒水。

③铺贴后应及时清理表面，24 h 后应用 1∶1 水泥浆灌缝，选择与地面颜色一致的颜料与白水泥拌和均匀后嵌缝。

## （二）竹、实木地板铺装

竹、实木地板铺装应符合下列规定。

①基层平整度误差不得大于 5 mm。

②铺装前应对基层进行防潮处理，防潮层宜涂刷防水涂料或铺设塑料薄膜。

③铺装前应对地板进行选配，宜将纹理、颜色接近的地板集中在一个房间或部位使用。

④木龙骨应与基层连接牢固，固定点间距不得大于 600 mm。

⑤毛地板应与龙骨成 30° 或 45° 铺钉，板缝应为 2～3 mm，相邻板的接缝应错开。

⑥在龙骨上直接铺装地板时，主次龙骨的间距应根据地板的长宽模数计算确定，地板接缝应在龙骨的中线上。

⑦毛地板、地板与墙之间应留有 8～10 mm 的缝隙。

## （三）强化复合地板铺装

强化复合地板铺装应符合下列规定。

①防潮垫层应满铺平整，接缝处不得叠压。

②安装第一排时应凹槽面靠墙。地板与墙之间应留有 8～10 mm 的缝隙。

③房间长度或宽度超过 8 m 时，应在适当位置设置伸缩缝。

## （四）地毯铺装

地毯铺装应符合下列规定。

①地毯对花拼接应按毯面绒毛和织纹走向的同一方向进行。

②当使用张紧器伸展地毯时，用力方向应呈 V 字形，应由地毯中心向四周展开。

③当使用倒刺板固定地毯时，应沿房间四周将倒刺板与基层固定牢固。

④地毯铺装方向，应是毯面绒毛走向的背光方向。

⑤满铺地毯时，应用扁铲将毯边塞入卡条和墙壁的间隙中或塞入踢脚下面。

⑥裁剪楼梯地毯时，应留有一定的长度余量，以便在使用中可挪动常磨损的位置。

## 七、幕墙

建筑幕墙是建筑物主体结构外围的围护结构，具有防风、防雨、隔热、保温、防火、抗震和避雷等多种功能，具有新颖耐久、美观时尚、装饰感强、施工快捷、便于维修等特点，是一种广泛运用于现代建筑的结构构件。按材料，幕墙可分为玻璃幕墙、石材幕墙、金属幕墙、混凝土幕墙和组合幕墙。以下重点介绍玻璃幕墙与石材幕墙的施工。

### （一）玻璃幕墙施工

玻璃幕墙的施工工序较多，施工技术和安装精度要求比较高，凡从事玻璃安装的企业，必须取得相应专业资格后方可承接业务。

#### 1.有框玻璃幕墙施工

有框玻璃幕墙主要由幕墙立柱、横梁、玻璃、主体结构、预埋件、连接件、连接螺栓、垫杆、开启扇等组成。竖直玻璃幕墙立柱应悬挂连接在主体结构上，并使其处于受拉状态。

有框玻璃幕墙施工流程：测量、放线→调整和后置预埋件→确认主体结构轴线和各面中心线→以中心线为基准向两侧排基准竖线→按图样要求安装钢连接件和立柱、校正误差→钢连接件满焊固定、表面防腐处理→安装框架→上下边密封、修整→安装玻璃组件→安装开启扇→填充泡沫塑料棒→注胶→清洁、整理→检查、验收。下面重点介绍几种施工流程。

①弹线定位。弹线工作以建筑物轴线为准，依据设计要求先将骨架位置线弹到主体结构上，以确定竖向杆件位置。工程主体部分，以中部水平线为基准，向上、下放线，确定每层水平线后用水准仪对横向节点的标高进行抄平。测量结果应与主体工程施工测量轴线一致，如主体结构轴线误差大于规定的允许偏差时，应征得监理和设计人员同意后，调整装饰工程轴线。

②钢连接件安装。钢连接件的预埋钢板应尽量采用原主体结构预埋钢板，无条件时可采用后置钢锚板加膨胀螺栓的方法，但要经过试验确定其承载力。玻璃幕墙与主体结构连接的钢构件一般采用三维可调连接件，其对预埋件埋设精度要求不高。安装骨架时，上下左右及幕墙平面垂直度等可自行调整。

③框架安装。立柱先于连接件连接，连接件再与主体结构预埋件连接并调整、固定。同一层横梁安装由下向上进行，安装完一层高度时进行检查并调整、校正，符合质量要求后固定。横梁与立柱连接处应垫弹性橡胶垫片，用于消除横向热胀冷缩应力及变形造成的横竖杆件的摩擦响声。

④玻璃安装。安装前擦净玻璃表面尘土，镀膜玻璃的镀膜面应朝向室内，玻璃与构件不得直接接触，以防止玻璃因温度变化发生胀缩。玻璃四周与构件凹槽应保持一定空隙，每块玻璃下部应设不少于 2 块的弹性定位垫块。垫块宽度与槽宽相同，长度不应小于 100 mm。

⑤缝隙处理。窗间墙、窗槛墙之间采用防火材料堵塞，隔离挡板采用 1.5 mm 厚的钢板，并涂防火材料两遍。接缝处用防火密封胶封闭，以保证接缝处的

严密。

⑥避雷设施安装。安装立柱时应按设计要求进行防雷体系的连接。均压环应与主体结构避雷系统相连，预埋件与均压环通过截面积不小于 48 mm$^2$ 的圆钢或扁钢连接。圆钢或扁钢与预埋件均压环进行搭接焊接，焊缝长度不小于 75 mm，位于均压环所在层的每个立柱与支座间应用宽度不小于 24 mm、厚度不小于 2 mm 的铝条连接，保证其电阻小于 10 Ω。

2.全玻璃幕墙施工

由玻璃板和玻璃肋制作的玻璃幕墙称为全玻璃幕墙，采用的玻璃较厚，隔声效果较好、通透性强，用于外墙装饰时使室内外环境浑然一体，被广泛用于各种底层公共空间的外装饰。全玻璃幕墙按构造方式可分为吊挂式和坐落式两种。以吊挂式全玻璃幕墙为例，其施工流程为：定位放线→上部钢架安装→下部和侧面嵌槽安装→玻璃肋、玻璃板安装→镶嵌固定及注入密封胶→表面清洗和验收。下面重点介绍几种施工流程。

①定位放线。同有框玻璃幕墙施工，即使用经纬仪、水准仪配合钢卷尺、重锤、水平尺复核主体结构轴线、标高及尺寸，对原预埋件进行位置检查、质量复核。

②上部钢架安装。上部钢架用于安装玻璃吊具的支架，对其强度和稳定性要求较高，应使用热镀锌钢材，严格按照设计要求施工、制作。安装前应注意以下事项：钢架安装前要检查预埋件或钢锚板的质量是否符合设计要求，锚栓位置离混凝土边缘不小于 50 mm；相邻柱间的钢架、吊具的安装必须通顺平直；钢架应进行隐蔽工程验收，需要经监理公司有关人员验收合格后方可对施焊处进行防锈处理。

③下部和侧面嵌槽安装。镶嵌固定玻璃的槽口应采用型钢，尺寸较小的槽钢应与预埋件焊接牢固，验收后必须进行防锈处理。下部槽口内每块玻璃的两

角附近放置两块氯丁胶垫块，长度不小于 100 mm。

④玻璃板安装。第一，检查玻璃质量。重点是检查玻璃有无裂纹和崩边，粘接在玻璃上的铜夹片位置是否正确，要擦拭干净用笔做好中心标记。第二，安装电动玻璃吸盘。玻璃吸盘要对称吸附于玻璃面并吸附牢固。第三，安装完毕后先试吸，即将玻璃试吊起 2～3 m，检查各吸盘的牢固度。第四，在玻璃适当位置安装手动吸盘、拉缆绳和侧面保护胶套。第五，在镶嵌固定玻璃的上下槽口内侧，一般应粘贴低发泡塑料垫条，垫条的宽度同嵌缝胶的宽度，并且留有足够的注胶深度。第六，吊车移动玻璃至安装位置，待完全对准后进行安装。第七，上层的工人把握好玻璃，等下层工人都能把握住深度吸盘时，可去掉玻璃一侧的保护胶套，利用吸盘的手动吊链吊起玻璃，使玻璃下端略高于下部槽口。此时，下层工人将玻璃拉入槽内并利用木板遮挡防止碰撞相邻玻璃，用木板轻托玻璃下端，防止其与金属槽口碰撞。第八，玻璃定位。安装好玻璃夹具，各吊杆螺栓应在上部钢架的定位处，并与钢架轴线重合，上下调节吊挂螺栓的螺钉，使玻璃提升和准确就位。第一块玻璃安装后要检查其侧边的垂直度，以后玻璃只需检查缝隙宽度是否相等、是否符合设计尺寸即可。第九，做好上部吊挂后，镶嵌固定上下边框槽口外侧垫条，使安装好的玻璃镶嵌固定到位。

⑤灌注密封胶。第一，用专用清洁剂擦拭干净，但不能用湿布和清水擦洗，所注胶面必须干燥。第二，注胶前需在玻璃上粘贴美纹纸加以保护。第三，由专业注胶工施工，注胶从内外两侧同时进行，注胶速度和厚度要均匀，不要夹带气泡。密封胶的表面要呈现出凹曲面的形状。第四，耐候硅酮胶的施工厚度，一般应为 3.5～4.5 mm，以保证密封性能。第五，硅酮结构密封胶的厚度应符合设计中的规定，且需在有效期内使用。

⑥洁面处理。玻璃幕墙施工完毕后，要认真清洗玻璃幕墙表面，使之达到竣工验收的标准。

### 3.点支撑玻璃幕墙施工

点支撑玻璃幕墙是指在幕墙玻璃的四角打孔，用幕墙专用钢爪将玻璃连接起来，并将荷载传给相应构件，最后传给主体结构的一种幕墙。点式连接玻璃幕墙主要有：玻璃肋点式连接玻璃幕墙，钢桁架点式连接玻璃幕墙和拉索式点式连接玻璃幕墙。玻璃肋点式连接玻璃幕墙是一种玻璃肋支撑在主体结构上，在玻璃肋上面安装连接板和钢爪，玻璃开孔后与钢爪（四脚支架）用特殊螺栓连接的幕墙形式。钢桁架点式连接玻璃幕墙是指在金属桁架上安装钢爪，在面板玻璃的四角进行打孔，钢爪上的特殊螺栓穿过玻璃孔，紧固后将玻璃固定在钢爪上形成的幕墙。

拉索式点式连接玻璃幕墙是将玻璃面板用钢爪固定在索桁架上的玻璃幕墙，由玻璃面板、索桁架和支撑结构组成。索桁架悬挂在支撑结构上，由按一定规律布置的预应力索具和连系杆等组成。索桁架起着形成幕墙支撑系统、承受面板玻璃荷载并将荷载传递至支撑结构上的作用。拉索式点式玻璃幕墙施工与其他玻璃幕墙不同，需要施加预应力，其施工流程为：测设轴线及标高→支撑结构的安装→索桁架的安装→索桁架张拉→玻璃幕墙的安装→安装质量控制→幕墙的竣工验收。

## （二）石材幕墙施工

石材幕墙的构造一般采用框支承结构。石材面板的连接方式可分为钢销式、槽式和背栓式等。

### 1.钢销式连接

钢销式连接需要在石材的上下两边或四周开设销孔，石材通过钢销以及连接板与幕墙骨架连接。该方法拓孔方便，但受力不合理，容易出现应力集中导致石材局部破坏，使用受到限制。

### 2.槽式连接

槽式连接需要在石材的上下两边或四周开设槽口，与钢销式连接相比，它的适应性更强。根据槽口的大小，槽式连接可以分为短槽式连接和通槽式连接两种。短槽式连接的槽口较小，通过连接片与幕墙骨架连接，它对施工安装的要求较高。通槽式槽口为两边或四周通长，通过通长铝合金型材与幕墙骨架连接，主要用于单元式幕墙中。

### 3.背栓式连接

背栓式连接与钢销式、槽式连接不同，它将连接石材面板的部位放在面板背部，改善了面板的受力。通常先在石材背面钻孔，插入不锈钢背栓，并扩张使之与石板紧密连接，然后通过连接件与幕墙骨架连接。

# 第四章　建筑工程绿色施工组织与管理

## 第一节　绿色施工组织的必要性及与传统施工组织的不同

绿色施工是指工程建设中，在保证质量、安全等基本要求的前提下，通过科学管理、改进技术，最大限度地节约资源与减少对环境负面影响的施工活动，以实现“四节一环保”(节能、节地、节水、节材和环境保护)。绿色施工作为建筑全寿命周期中的一个重要阶段，是实现建筑领域资源节约和节能减排的关键环节。实施绿色施工，应依据因地制宜的原则，贯彻执行国家、行业和地方相关的技术经济政策。绿色施工应是可持续发展理念在工程施工中全面应用的体现，它并不仅仅是指在工程施工中实施封闭施工，没有尘土飞扬，没有噪声扰民，在工地四周栽花、种草，实施定时洒水等，还涉及可持续发展的各个方面，如生态与环境保护、资源与能源利用、社会与经济的发展等内容。

## 一、绿色施工组织的必要性

### （一）建筑业发展的形势

随着人们对环境问题越来越重视，绿色施工作为一种全新的施工模式被很多国家接受，也是未来世界建筑业发展的趋势。欧美等发达国家在 20 世纪 80 年代就制定了完善的激励及奖励措施，鼓励企业实施绿色施工。我们国家在绿色施工发展方面相对落后，当前我国经济进入新常态，施工单位只有不断改进技术和管理方法，发展节约型的绿色施工，才能在国内外激烈的市场竞争中占有一席之地。于是，绿色施工能力成为施工单位在国内外建筑市场立足的决定性因素。

### （二）传统施工的不足

首先，招投标方式不科学。建设单位在选择施工单位时，往往只看重施工单位的报价，报价低者优先中标，这样就使得很多施工单位恶性竞争，降低报价，存在很大的潜在风险。施工单位在施工过程中为了能够盈利，通常会依靠偷工减料来降低成本。工程交付使用后，因为质量问题会增加额外的维修成本，相应地，建筑的使用寿命就达不到设计使用年限，这就偏离了节能环保的原则。其次，传统的施工没有形成一个科学的管理体系。传统的施工管理中，各个单位之间看似分工明确，实则各自为政，如技术人员只负责技术部分，材料人员只负责材料的采购和分发，各部门和各岗位人员之间缺乏信息共享。最后，传统施工本身就存在很多环保问题，比如噪声污染、环境污染等。

## 二、与传统施工组织的不同

### （一）组织管理体系不同

在传统的施工组织中，组织管理更看重的是在保证质量基础上的经济效益，虽然也包括一些文明施工的专项措施，但功能单一。施工单位是通过施工质量和它所创造的社会效益来展现企业的品牌形象和竞争力的，所以绿色施工组织中的组织管理是一个系统工程，它是一系列的绿色施工管理措施以及管理目标共同作用的结果，能创造出更大的社会价值。传统的文明施工强调的是广义的绿色施工，并且包括的绿色施工目标较少，只是作为劳务分包的一部分，实施性不强。而在现代绿色施工管理系统中，有明确的绿色施工目标、任务和专门的绿色施工领导小组，并且有绿色施工责任分配制和绿色施工保证措施，与传统的施工组织大有不同。

### （二）施工组织设计不同

传统的施工组织设计有文明施工的专项技术内容，但是它不具备系统性，所以不具备落实性。而绿色施工组织设计从设计之初就避免了这个问题，从绿色施工方案、绿色施工进度、绿色资源配置等方面全方位地保证了绿色施工的正常进行，并且将施工方案中绿色施工的内容进行细化，分别落实到具体的施工工艺、施工方法中。同时，确定了绿色施工的控制要点，统筹规划了关于污染物的排放、收集、运输、回收再利用以及处置的全过程。

（三）组织管理效率不同

在确定了绿色施工方案以后，接下来就进入了项目的实施阶段。它的实质就是在绿色施工组织设计的指导下，通过各部门的协调合作，完成绿色施工控制的绿色指标（“四节一环保”）。由于绿色施工管理是一个系统工程，实施管理是全方位的，通过施工准备、施工策划、工程验收等各个环节的监督与管理，以达到对施工管理的动态控制，管理的效率更高。

（四）施工组织内容不同

绿色施工组织并不是完全脱离传统的施工组织，而是在传统施工组织的基础上，突出了“四节一环保”的内容。绿色施工总体框架由施工管理，环境保护，节材与材料资源利用，节水与水资源利用，节能与能源利用，节地与施工用地保护六个方面组成，这六个方面涵盖了绿色施工的基本指标，在绿色施工组织中应体现出来。

## 第二节　绿色施工组织设计与规划

### 一、施工方案

施工方案是施工组织设计的核心，在绿色施工组织设计中应首先编制绿色施工方案。施工方案同时也是指导现场施工作业的主要技术文件，它是否合理将直接影响到工程的成本、工期和质量。施工方案的基本内容包括施工区段、施工顺序、施工方法和施工机械。

## （一）施工区段

现代工程项目通常规模较大，施工时间较长，为了达到平行搭接施工、节省时间的目的，需要将整个施工现场分为平面上或空间上的若干个区段，组织工业化流水作业，在同一时间段内安排不同的项目、不同的专业工种在不同区域同时施工。在绿色施工方案中，划分施工区段应满足流水施工的需要，需注意以下几点。

第一，要综合考虑结构的整体性，尽量利用沉降缝与伸缩缝、平面上有变化处、留槎且不影响质量处等作为施工段的分界线；第二，要保证各施工段上的工程量大致相等，尽量组织等节拍流水施工，确保劳动组织稳定，保证各班组能连续、均衡地施工，减少窝工现象；第三，施工段数与施工过程数应相协调，尤其在组织层间流水施工过程中，每层的施工段数应大于或等于施工过程数，段数不宜过多也不宜过少，过多可能导致工作面过窄或延误工期，过少则无法进行流水施工，导致窝工或机械设备停歇的情况；第四，分段的大小与机械设备或劳动组织及其生产能力相关，应保证有足够的工作面，便于操作和发挥生产效率。

## （二）施工顺序

绿色施工方案中施工顺序的确定，不仅有技术和工艺方面的要求，也有组织安排和资源调配方面的考虑。施工顺序可以指施工项目内部各施工区段的相互关系和先后次序，也可以指一个单位工程内部各施工工序之间的相互联系和先后顺序。

有关土建施工与设备安装的顺序，在民用建筑中多为“先土建、后设备”。

在工业厂房中，为使工厂早日投产，应考虑土建工程与设备安装工程的流水搭接，并依据设备性质来合理安排两者的施工顺序。一般可采用的方式有：“封闭式”，即先完成土建部分再进行设备安装，普通的机械工业厂房，在完成主体结构部分后即可进行设备安装，对精密的工业厂房，在完成装饰工程后进行；“敞开式”，完成工艺设备的安装后再建造厂房，尤其是重型工业（如冶金、电力等）厂房多采用这种方法。土建工程与设备安装工程同时进行，按照房屋各分部工程的施工特点一般分为地下工程、主体结构工程、装饰与屋面工程三个阶段。

### （三）施工方法与施工机械

选择合适的施工方法和合理的施工机械是制订绿色施工方案的关键。建设工程项目施工过程中可采用不同的方法进行施工，不同的施工方法都有其各自的优点和缺点。从若干可能实现的施工方法中，应选择适用于具体工程的先进、合理、经济的施工方法，以达到降低工程成本和提高劳动生产率的预期效果。选择施工方法是就工程的主体施工项目而言的，在进行这项工作时要注意抓住关键，突出重点。凡采用新工艺、新技术的环节，影响施工质量的关键项目，或是技术复杂、工人操作不够熟练的工序，均应详细具体地拟订施工方法。反之，对于按照常规做法就能保证施工质量或者工人较为熟练的分项工程，则不必详述。

制定好了施工方法，接下来要按照一定的程序选择施工机械，应首先选择主导工程的机械，然后根据建筑特点及材料构件种类配备辅助机械，最后确定与施工机械相配套的专用工具设备。例如，在选择垂直机械时，可以根据标准层垂直运输量来编制垂直运输量表，然后选择机械数量和垂直运输方式，再确定水平运输方式和机械数量，最后布置运输设施的位置和水平运输路线。

## 二、施工平面图

施工总平面图是施工组织总设计的重要组成部分。现在许多大型建设项目由于施工工期较长或受场地所限，施工现场面貌随工程进度而不断发生变化，因此绿色施工组织设计中应充分考虑施工现场面貌的动态变化，按照不同阶段及时调整和修正施工总平面图，以满足不同阶段的施工要求。单位工程施工平面图是单位工程施工组织设计的重要组成部分，绘制比例一般比施工总平面图的比例大，内容更具体、详细，但是会受到施工总平面图的制约。

绿色施工平面图设计的原则有以下几点：第一，尽量减小施工用地面积，利用山地、荒地、空地；第二，尽量降低临时运输费用，合理布置仓库、附属企业和运输道路，使仓库等尽量靠近需求中心，减少二次搬运，选择合理的运输方式；第三，尽量降低临时设施的维修费用。充分利用各种永久建筑、管线、道路，利用尚未拆除或暂缓拆除的原有建筑物；第四，合理布置保障工人生活的临时设施，居住区至施工区的距离应尽量近；第五，满足技术安全和防火要求，合理规划易燃物仓库、消防设施的位置，保证生产安全，避免道路交叉；第六，在改建、扩建工程的施工中，应尽量使企业生产和工程施工互不妨碍。

## 三、施工进度计划

施工进度计划是工程组织方为实现一定的施工目标而采用科学的方法对未来进行预测的一种施工方案。它是施工过程中时间序列和作业进程之间相互衔接的一种结果，是在确定一定的施工目标后，在施工工期和各项资源（如劳动力、材料物资、技术物资）供应的基础上来完成一定的工程任务。因此，绿色施工组织设计要解决的三个基本问题如下：一是确定施工组织目标；二是确定为达到工程目标所需要的时间；三是确保建设工程所需要的各种资源。

## 四、资源供应计划

建设工程的施工过程也是资源消耗的过程，在绿色施工组织设计中，应当注意合理地使用资源，尽可能地节约资源，以实现各项资源的优化配置。通过对各种资源，如劳动力、设备材料、施工装备、能源、资金等的合理配置，更好地实现项目施工目标。资源供应计划包括拟投入的主要物资计划、拟投入的主要施工机械计划、劳动力安排计划。在实际工作中，应当充分利用有限的资源进行资源优化配置，一方面可以保证施工计划的顺利实施，另一方面也可降低工程成本，提高投资效益。

绿色施工组织设计中，编制资源需求计划可以按照以下步骤进行：第一，根据设计文件、施工方案、工程合同、技术措施等计算或套用定额，确定各分部、分项工程量；第二，套用相关资源消耗定额，并结合工程特点，求得各分部、分项工程各类资源的需求量；第三，根据已确定的施工计划，分解各个时段内的各种资源需要量；第四，汇总各个时段内各种资源的需要量，形成各类资源总需求量，并以曲线或者表格的形式表达。

# 第三节　绿色施工组织与管理标准化

## 一、标准化方法建立的基本原则

### （一）与施工单位现状相结合

绿色施工组织与管理标准化方法的建立基础是施工单位的流程体系。施工单位流程体系是在健全的管理制度、明确的责任分工、严格的执行能力、规范的管理标准、积极的企业文化等基础上形成的，因此，建立标准化的绿色施工组织与管理方法必须依托正规的特大或大型建筑施工单位，这类单位往往具有管理体系明确、管理制度健全、管理机构完善、管理经验丰富等特点，且单位所承揽的工程项目数量较多，实施标准化管理能够产生较大的经济效益。

### （二）以企业岗位责任制为基础

绿色施工组织与管理的标准化方法应该是一项重要的企业制度，其形成和实施均依托施工单位的相关管理机构和管理人员。作为制度化的运行模式，标准化管理不会因机构和管理岗位人员的变化而产生变化。因此，绿色施工组织与管理标准化方法应建立在施工单位管理机构和管理人员的岗位、权限、角色等基础上。

### （三）通过多管理体系融合确保标准落地执行

绿色施工组织与管理标准化不仅仅指绿色施工的组织和管理，与传统建筑工程施工相同的工程质量管理、工期管理、成本管理、安全管理也是绿色施工管理的重要组成部分。在确定绿色施工组织与管理标准化方法的同时，应充分考虑质量、安全、工期和成本等要素，将由各种目标调控的管理体系、保障体系与绿色施工管理体系相融合，以实现工程项目建设的总体目标。

## 二、组织机构与目标管理

### （一）组织机构

在设置施工组织机构时，应充分考虑绿色施工与传统施工的组织管理差异，结合工程的总体目标，进行组织机构设置，要针对“四节一环保”设置专门的管理机构，责任到人。绿色施工组织机构一般实行三级管理，即领导小组、工作小组、操作层管理。领导小组一般由公司领导组成，其职责主要是从宏观上对绿色施工进行策划、协调、评估等；工作小组一般由分公司领导组成，其主要职责是组织实施绿色施工、保证绿色施工各项措施的落实、进行日常的检查考核等；操作层则由项目管理人员和生产工人组成，主要职责是落实绿色施工的具体措施。

管理层中的各组织机构职责如下。

①商务部：负责绿色施工经济效益的分析。

②技术部：负责绿色施工的策划、分段总结及改进推广工作；负责绿色施工示范工程的过程数据分析与处理，撰写阶段性分析报告；负责绿色施工成果的总结与申报。

③动力部：负责按照水电布置方案进行管线的铺设、计量器具的安装；对现场临水、临电设施进行日常巡查及维护；定期对各类计量器具的数据进行收集。

④工程部：负责绿色施工实施方案中具体措施的落实；过程中收集现场第一手资料，提出建设性的改进意见；持续监控绿色施工措施的落实效果，及时向绿色施工管理小组反馈。

⑤物资部：负责组织材料进场的验收；负责物资消耗、进出场数据的收集与分析。

⑥安监部：负责项目安全生产、文明施工和环境保护工作；负责项目管理计划、环境管理计划和管理制度的落实。

### （二）目标管理

在我国不同的历史发展时期，由于社会经济发展的客观条件不同，对建筑工程施工目标提出的要求也存在差异。在中华人民共和国成立初期，由于国家百废待兴，且投资以国家为主，当时建筑工程施工目标主要从质量、安全、工期三个方面考虑；在改革开放初期，建筑工程施工目标在质量、安全、工期三者的基础上增加了成本控制，且随着市场经济的深入发展，成本控制目标逐渐成为最主要的目标之一。绿色施工出现后，我国的建筑工程施工目标也随之发生变化，环境保护目标成为最重要的施工目标之一。

绿色施工应明确“四节一环保”方面的具体目标，并结合工程创优制定工程总体目标。“四节一环保”方面的具体目标主要体现在施工工程中的能源消耗方面，一般包括：建设项目能源总消耗量或节约百分比、主要建筑材料损耗率或比定额损耗率节约百分比、施工用水量或节约百分比、临时设施占地面积有效利用率、固体废弃物总量及固体废弃物回收再利用百分比等。这些具体目标往往采用量化方式进行衡量，在计算百分比时可以根据施工单位之前做过的类似工程的情况来确定基数。具体施工目标确定后，应根据工程实际情况，按照“四节一环保”进行具体施工目标的分解，以便于控制施工过程。具体施工目标的分解情况如表 4-1 所示，施工过程中，可根据工程的实际情况对分解的目标进行调整。

**表 4-1 某工程绿色施工目标分解情况表**

| 项目 | 目标分解情况 |
| --- | --- |
| 环境保护 | ①施工、环保、节能、警示等标识在醒目位置悬挂到位，现场配套设施齐全。②场地树木得到有效保护。③统筹考虑相邻工地降水，减少抽取地下水 5%；采用先进工艺减少抽取地下水 30%；调整水泵功率及安装疏干井，减少抽取地下水 5%。④工地食堂办理卫生许可证，厨师持证上岗，定人、定时保洁，定期消毒，燃料一律使用液化气，移动厕所配备率 100%，厕所每天消毒。⑤医务室、人员健康应急预案完善，对现场人员每年进行一次体检，建立健康档案，生活区由专人负责，消暑、保暖措施齐备，作业时间安排合理，操作人员正确佩戴防护用具，操作环境通风畅通。⑥沉淀池、隔油池、化粪池设置率 100%，专人定期进行环境保护清理，雨污分流率 100%，污水达标排放。⑦主要道路硬化率 100%，现场目测无粉尘。⑧裸露土地、集中堆放的土方绿化率 100%。⑨建筑垃圾减少 40%，再利用率达到 40%，生活垃圾分类率 100%，集中堆放率 100%，定期处理；回填土石方、路基、临设砌筑及粉刷利用挖方率 100%。⑩施工现场立面围护率 100%，夜间照明灯罩使用率 100%，夜间电焊遮光罩配备率 100%。⑪严禁现场焚烧垃圾，严禁年检不合格车辆进出现场，运输易扬尘物质车辆覆盖率 100%，车辆冲洗率 100%。 |
| 节材 | ①绿色环保材料达 90%，就近取材达 90%，有计划采购率 100%，建筑材料包装物回收率 100%。②机械保养、限额领料、建筑垃圾再利用制度健全。③临建设施回收利用率 90%，临设、安全防护定型化、工具化、标准化率达 80%。④采用双掺技术，节约水泥用量 5%。⑤管件合一脚手架、支撑体系使用率 100%。⑥运输损耗率比定额降低 30%；⑦材料损耗率比定额降低 30%。⑧采用四节材与材料资源利用新技术，高效钢筋使用率 90%，直径大于 20 mm 的钢筋连接直螺纹使用率 90%，加气混凝土砌块使用率 90%，减少粉刷面积达 80%。⑨模板、脚手架体系周转率提高 20%，模板周转次数提高 50%。⑩周转材料回收率 100%，再利用率 80%。⑪混凝土、落地灰回收再利用率 100%，钢筋余料再利用率 60%。 |

续表

| 项目 | 目标分解情况 |
| --- | --- |
| 节水 | ①分包、劳务合同含节水条款率100%。②办公区、生活区的节水器具配备率100%。③利用先进施工工艺、循环用水等节水率30%。④商品混凝土和预拌砂浆使用率100%。 |
| 节能 | ①生活区和施工区分别装设电表，计量率100%，主要耗能设备耗能计量考核率100%。②节能灯具使用率100%。③国家、行业、地方政府明令淘汰的施工设备、机具和产品使用率0%。④施工机具共享率30%。⑤运输损耗率比定额降低30%。⑥耗能设备合理利用率80%。⑦现场照明、主要机械自动控制装置使用率80%。 |
| 节地 | ①合理布置施工场地，实施动态管理，分三个阶段进行现场平面布置。②施工现场布置合理，组织科学，占地面积小且满足使用功能。③商品混凝土使用率100%。④职工宿舍采用租赁方式，管理方便，满足使用要求。⑤土方开挖，减少开挖面积15%。 |

建设工程的总体目标一般指各级各类工程创优目标，确定工程创优为总体目标不仅是绿色施工项目自身的客观要求，而且与建筑施工单位的整体发展密切相关。绿色施工工程创优目标应根据工程实际情况进行设定，一般可为企业行业的绿色施工工程、省市级绿色施工工程乃至国家级绿色施工工程等，对于规模较大、结构较为复杂的建筑工程，也可制定创建“全国建筑业新技术应用示范工程”、各级优质工程等目标，这些目标的确立有助于施工人员统一思想、鼓舞干劲，能产生积极影响。

# 三、绿色施工人员培训及信息管理

## （一）绿色施工人员培训

对绿色施工人员的培训应该制订培训计划，明确培训内容、时间、地点、负责人及培训管理制度，相关培训计划如表 4-2 所示。

**表 4-2　绿色施工人员培训计划一览表**

| 序号 | 类别 | 规定内容 | 责任人 | 实施阶段 | 实施时间 | 备注 |
| --- | --- | --- | --- | --- | --- | --- |
| 1 | 三级绿色施工培训重点 | 作业人员进入现场 3 天内，责任工程师通知项目安监部 | 项目生产经理 | 开工入场前 | 入场 3 天内 | |
| | | 公司级：公司概况、绿色施工文化、工人的法定权利和义务 | 项目安监部 | | | |
| | | 项目级：项目概况、绿色施工重点、规章制度 | 项目经理 | | | |
| | | 班组织：操作规程、绿色施工注意事项 | 分包责任人 | | | |
| 2 | 培训对象 | 相关管理人员、作业工人、实习人员 | 项目经理、项目安全总监 | 全过程 | | 不准代签 |
| 3 | 培训时间 | 分公司、项目每年编制、报批。项目每半年不少于 1 次，每次不少于 1 h | 项目经理、项目安全总监 | 全过程 | | |
| 4 | 培训结束后的要求 | 填写《培训效果调查表》，人数不少于 5%。送外培训超过 3 天，报送书面总结。每年 12 月 20 日前，单位、项目部将培训总结报送上级部门 | 项目经理、项目安全总监 | 全过程 | 每季度一次 | |

## （二）绿色施工信息管理

绿色施工的信息管理是绿色施工工程的重点内容，实现信息化施工是推进绿色施工的重要措施。绿色施工比较重视施工过程中各类信息、数据、图片、影像等的收集与整理，这与绿色施工示范工程的评选办法密切相关。我国《全国建筑业绿色施工示范工程申报与验收指南》明确规定，绿色施工示范工程在进行验收时，施工单位应提交绿色施工综合性总结报告，报告中应针对绿色施工组织与管理措施进行阐述，应综合分析关键技术、方法、创新点等在施工过程中的应用情况，详细阐述“四节一环保”的实施成效，并提交绿色施工过程相关证明材料，其中证明材料应包括反映绿色施工的文件、措施图片、绿色技术应用材料等。除了评审的外部要求，企业在绿色施工实施过程中做好相关信息的收集整理和分析工作也是促进企业绿色施工组织与管理经验积累的过程。例如，通过对施工过程中产生的固体废弃物的相关数据进行收集，可以量化固体废弃物的回收情况，通过计算分析能够确定设置的绿色施工具体目标是否实现，也可为今后其他同类工程的绿色施工提供参考和借鉴。

绿色施工资料一般可根据类别进行划分，大体可分为以下几类。

①技术类。示范工程申报表、示范工程立项批文、工程施工组织设计、绿色施工方案及绿色施工方案交底。

②综合类。工程施工许可证。

③施工管理类。地基与基础阶段企业自评报告、主体施工阶段企业自评报告、绿色施工阶段性汇报材料、绿色施工示范工程启动会资料、绿色施工示范工程推进会资料、绿色施工示范工程外宣资料、绿色施工示范工程培训记录。

④环保类。粉尘检测数据台账、噪声监控数据台账、水质（现场养护水、排放水）监测记录台账、安全密目网进场台账，产品合格证，废弃物技术服务

合同（区环保），化粪池、隔油池清掏记录，水质（现场养护水、排放水）检测合同及抽检报告（区环保），基坑支护设计方案及施工方案。

⑤节材类。与劳务队伍签订的料具、钢筋使用协议，料具进出场台账、现阶段料具报损情况分析表，钢材进场台账，废品处理台账，废品率统计分析表，混凝土浇筑台账，现场施工新技术应用报告，新技术材料检测报告。

⑥节水类。现场临时用水平面布置图、水表安装示意图，现场各水表用水按月统计台账，混凝土养护用品（养护棉、养护薄膜）进场台账。

⑦节能类。现场临时用电平面布置图、电表安装示意图，现场各电表用电按月统计台账，塔吊、施工电梯等大型设备保养记录，节能灯具合格证（说明书）等资料，节能灯具进场使用台账，食堂煤气使用台账。

⑧节地类。现场各阶段施工平面布置图，含化粪池、隔油池、沉淀池等设施的做法详图，现场活动板房进、出场台账，现场用房平面布置图。

## 四、绿色施工管理流程

管理流程是绿色施工规范化管理的前提和保障，科学、合理地制定管理流程，体现了企业或项目各参与方的责任和义务，是绿色施工管理流程的核心内容。在采用具体管理流程时，可根据工程项目和企业机构设置的不同对流程进行调整。

# 第四节　绿色施工管理措施

绿色建筑技术是现代工程建设的一种创新技术，表现在相应的节能、节水、节材、节地、环保方面。

节能：采用优化技术、经济科学、环境和社会可接受的能源利用管理技术，减少消耗，减少从能源生产到消费各个阶段的废物排放；要高效地使用能源，减少能源消耗和损失；选用功能优良、节能高效的施工机械设备，优化施工方案，提高能源利用效率。

节水：采取合理有效的节水措施，实现水资源的有效利用；要充分利用非传统水源，包括循环水、雨水、湖水，减少传统施工对水资源的使用。

节材：建筑造型应简单，减少非必要的装饰构件；对拆除旧建筑和现场清洁产生的固体废物进行分类，使用和回收可再生材料；提高建筑材料在施工过程中的使用效率，减少材料的损耗和浪费。

节地：在施工过程中，应根据现场施工情况合理、有效地利用建筑面积，提高建筑空间的利用率；不得破坏文物、天然水系、湿地、基本农田、森林等。

环境保护：控制施工过程中产生的空气污染、土壤污染、噪声污染、水污染、光污染；减少建筑材料因堆放、运输、清理等产生的灰尘和垃圾。

## 一、环境保护措施

绿色施工中环境保护包括减少施工污染、控制废气排放与扬尘，噪声与振动污染控制，土地资源保护，光污染控制，水污染控制，建筑垃圾控制等内容。

### （一）减少施工污染，控制废气排放与扬尘

废气排放和扬尘是大气环境污染和环境质量下降的主要原因。因此，有必要对建筑施工过程中的废气排放和扬尘进行控制。

为了实现绿色建筑的废气排放控制，需要建立完善的喷头清洗系统，配备全方位的喷头设备与专门的人员操作喷头。针对施工车辆、机械设备等产生的污染，应采用及时、可行的解决措施，以达到减少废气排放的目的，如选择清洁燃料、采用高效的燃料添加剂或安装废气净化装置等，使施工现场的车辆和机械设备保持良好和稳定运行，减少废气排放。

粉尘也是影响施工现场环境质量的重要指标。首先，在使用施工工具、设备和建筑材料的过程中应采取密封措施，确保运输物品不会泄漏，同时确保交通工具的清洁。此外，施工现场出入口应设置洗车池，避免运输作业造成污染。其次，在土方施工作业中，应采用覆盖或现场洒水的方式来实现对扬尘的控制。一般情况下，在绿化施工区域，扬尘高度应控制在 1.5 m 以内，严禁向施工现场蔓延。此外，对于施工现场易产生粉尘堆积的材料，应采取相应的覆盖措施，绿色施工中需要使用的粉状材料在储存时应特别注意，需要进行合理的封闭处理。将建筑垃圾运出施工现场时也可能产生粉尘，因此有必要进行除尘处理，如洒水处理。具体措施如下。

①现场形成环形道路，路面宽度应大于等于 4 m。

②场区车辆限速 25 km/h。

③安排专人负责现场临时道路的清扫和维护，自制洒水车降尘或喷淋降尘。

④在场区大门处设置冲洗槽。

⑤每周对场区大气总悬浮颗粒物浓度进行检测。

⑥土石方运输车辆采用带液压升降板可自行封闭的重型卡车，配备帆布作

为车厢体的第二道封闭措施；现场木工房、搅拌房采取密封措施。

⑦随主体结构施工进度，在建筑物四周采用密目安全网实行全封闭。

⑧建筑垃圾采用袋装密封，防止运输过程中产生粉尘。模板等清理时采用吸尘器等进行处理。

⑨水泥、腻子粉、石膏粉等袋装粉质原材料，设密闭库房，下车、入库时轻拿轻放，避免扬尘。

⑩零星使用的砂、碎石等原材料堆场，采用废旧密目安全网或混凝土养护棉等覆盖，避免起风扬尘。现场筛砂场地采用密目安全网半封闭，尽可能避免起风扬尘。

### （二）噪声与振动污染控制

在绿色施工过程中，应严格按照我国有关建筑噪声排放的规定，有效控制建筑噪声，以免影响周边居民和其他工人的生活。要想实现绿色施工，首先应执行国家标准规定的噪声测量方法，对施工现场进行全面监控，以确保施工噪声在合理的范围内。其次，在绿色施工中应尽量选用一些低振动或低噪声的施工设备，并针对不同的施工环节增加相应的隔声作业，以减少绿色施工的噪声污染。具体措施如下。

①合理选用推土机、挖土机、自卸汽车等内燃机机械，保证机械既不超负荷运转又不空转，平稳高效运行。采用低噪声设备。

②场区禁止车辆鸣笛。

③每天三个时间点对场区噪声量进行监测。

④现场木工房采用双层木板封闭，砂浆搅拌棚设置隔声板。

⑤混凝土浇筑时，禁止震动棒空振、卡钢筋振动或贴模板外侧振动。

⑥混凝土后浇带、施工缝等剔凿尽量使用人工，减少风镐的使用。

### （三）土地资源保护

在建筑工程绿色施工中，要综合考虑施工对地表环境的影响，在施工中要避免水土流失问题。针对建筑工程中裸露的土壤，施工人员应及时用碎石覆盖或在裸露的土壤中种植一些生长迅速的草籽。针对绿色施工中水土流失严重的施工现场，应合理设置地表排水系统，并对土坡位置进行固定，采用多种方式减少水土流失问题。此外，在绿色建筑工地化粪池和沉淀池溢出或泄漏的情况下，应派专业人员快速治理，及时清除池中的沉淀物，确保沉积物不会影响环境质量。为保护建筑工程施工现场的土地资源，有毒、有害废弃物的回收应由具有资质的单位进行，以避免土壤污染。

### （四）光污染控制

光污染也会影响绿色施工作业，施工人员在夜间室外作业时应重点关注施工现场的照明设备。光污染主要出现在焊接作业中，因此需要采取措施来阻断电弧，避免焊接过程中的弧光泄漏。具体措施如下。

①夜间照明灯具设置遮光罩。

②现场焊接施工四周设置专用遮光布，下部设置接火斗。

③办公区、生活区夜间室外照明全部采用节能灯具。

④现场闪光对焊机除人工操作一侧外，其余侧面采用废旧模板封闭。

### （五）水污染控制

建筑施工需要使用大量的水。施工单位应严格按照国家污水排放标准和要求建设污水管理控制系统。施工单位应对施工现场中不同类型的污水采取相应的治理措施，并委托具有一定资质的检测单位对污水排放指标进行检测，提交污水排放检测报告。此外，应采取一定的措施保护施工现场的地下水。具体措施如下。

①场区设置化粪池、隔油池，化粪池每月由相关部门清掏一次，隔油池每半月由相关部门清掏一次。

②每月请相关部门对施工现场排放水的水质做一次检测。

③现场亚硝酸盐防冻剂、设备润滑油均应放置在库房专用货架上，避免与其他材料混淆，污染水资源。

### （六）建筑垃圾控制

①现场设置建筑垃圾分类处理场，除将有毒、有害的垃圾密闭存放外，还应对混凝土碎渣、砌块边角料等固体垃圾回收分类处理后再次利用。

②加强模板工程的质量控制，避免因拼缝过大漏浆、加固不牢胀模等产生混凝土固体建筑垃圾。

③提前做好精装修深化设计工作，避免墙体偏位，尽量减少墙、地砖以及吊顶板材非整块使用的情况。

④在现场建筑垃圾回收站旁，建设简易的固体垃圾加工处理车间，对固体垃圾进行机械破碎处理，然后归堆放置，以备回收利用。

## 二、节能措施

### （一）设备与机具

应及时做好施工机械设备的维修保养工作，使机械设备保持低耗高效状态；选择功率与负载相匹配的施工机械设备；机电安装时可采用逆变式电焊机和低能耗、高效率的手持电动工具等节电型机械设备；在施工现场可对已有塔吊、施工电梯、物料提升机、探照灯及零星作业电焊机分别挂表计量用电量，进行统计、分析。

### （二）生产、生活与办公临时设施

生产、生活与办公临时设施布置应以南北朝向为主，采用一字型布置以获得良好的日照、采光和通风。临时设施应采用节能材料，墙体和屋面应使用隔热性能好的材料。要合理布置办公室，两间办公室可设成通间，以减少夏天空调、冬天取暖设备的数量、使用时间，降低能源消耗。可在现场办公区、生活区开展节电评比，强化职工节约用电意识。

## 三、节地措施

①根据工程特点和现场场地条件等因素合理布置临时建筑，各类临时建筑的占地面积应按用地指标所需的最小面积设计。

②对深基坑施工方案进行优化，减少土方开挖量和回填量，保护周边自然生态环境。

③施工现场、材料仓库、材料堆场、钢筋加工厂和作业棚等应靠近现场临时交通线路，以缩短运输距离。

④临时办公室和生活用房可采用双层轻钢制活动板房。

⑤设置项目部时可用绿化代替场地硬化，以减小场地硬化面积。

## 四、节水措施

### （一）用水管理

现场按生活区、生产区分别布置给水系统：生活区用水管网为PPR管（三型聚丙烯管）热熔连接，主管直径50 mm、支管直径25 mm，各支管末端设置半球阀龙头；生产区用水管网为无缝钢管焊接连接，主管直径50 mm、支管直径25 mm，各支管末端设置旋转球阀龙头。

### （二）循环用水

利用消防水池或沉淀池，收集雨水、地表水，将其作为施工生产用水。

### （三）节水系统与节水器具

采用节水器具，进行节水宣传；现场按照“分区计量、分类汇总”的原则布置水表；现场水平结构混凝土采取覆盖薄膜的养护措施，竖向结构混凝土采取刷养护液进行养护的措施，杜绝无措施浇水养护；对已安装完毕的管道进行打压调试，采取从高到低分段打压的方式，并利用管道内已有水循环调试。

## 五、节材措施

### （一）结构材料

优化钢筋配料方案，采用闪光对焊、直螺纹连接形式，利用钢筋尾料制作马凳、土支撑、篦子等；密肋梁箍筋由专业厂商统一加工配送；加强模板工程的质量控制，避免因拼缝过大（拼缝过大会造成漏浆、加固不牢）导致胀模，从而浪费混凝土；废旧模板再利用；合理制订混凝土供应计划，加强对施工过程的动态控制，余料制作成垫块和过梁。

### （二）围护材料

加强砌块的运输、转运管理工作，要求工人轻拿轻放，以减少损失；墙体砌筑前，先摆干砖确定砌块的排版和砖缝，避免出现小于 1/3 整砖和在砌筑过程中随意裁砖，产生浪费；加气混凝土砌块必须采用手锯开砖，减少对剩余部分砖的破坏。

### （三）装饰材料

施工前应做好总体策划工作，通过排版来尽可能减少非整块材料的数量；严格按照先天面（顶部）、再墙面、最后地面的施工顺序组织施工，避免由于工序颠倒造成的饰面污染或破坏；根据每班施工用量和施工面实际用量，采用分装桶取用油漆、乳胶漆等液态装饰材料，以避免这些装饰材料开盖后变质或交叉污染；对于工程使用的石材、玻璃、木材等装饰用料，项目管理人员要提供具体尺寸，由供货厂家加工供货。

### （四）周转材料

现场废旧模板、木材可用于楼层洞口硬质封闭、钢管爬梯踏步铺设，多余废料由专业回收单位回收；结构为满堂架的支撑体系可采用管件合一的碗扣式脚手架；对于密肋梁板结构体系，可采用不可拆除的一次性模壳代替木模板进行施工，减少木材的使用；地下室外剪力墙的施工过程中，应采用可拆卸的三段式止水螺杆代替普通的螺杆；室外电梯门及临时性挡板等设施应实现工具化、标准化，以便周转使用。

# 第五章　建筑工程施工项目施工质量控制

## 第一节　质量控制的概念

质量控制是质量管理的一部分。质量控制是为使产品或服务达到质量要求而采取的技术措施和管理措施。这些措施包括：确定控制对象，如一道工序、设计过程、制造过程等；规定控制标准，即详细说明控制对象应达到的质量要求；制定具体的控制方法，如工艺规程；明确所采用的检验方法、检验手段；实际进行检验；说明实际与标准之间存在差异的原因；为了解决差异而采取的行动；等等。质量控制贯穿建筑工程施工的全过程、各环节，目的是排除这些环节中技术活动偏离有关规范的现象，使其恢复正常。

质量控制不是质量管理的全部，二者的区别在于概念不同、职能范围不同和作用不同。质量控制是在明确的质量目标条件下通过行动方案和资源配置的计划、实施、检查和监督来实现预期目标的过程。在质量控制的过程中，运用全过程质量管理的思想和动态控制的原理，可以将质量控制分为事前质量预控、事中质量监控和事后质量控制。

## 一、事前质量预控

事前质量预控指在正式施工前进行的质量控制，其控制重点是做好施工准备工作。

### （一）技术准备

技术准备包括：熟悉和审查项目的施工图纸，对施工条件的调查分析，工程项目设计交底，工程项目质量监督交底，重点、难点部位施工技术交底，编制项目施工组织设计等。

### （二）物质准备

物质准备包括建筑材料准备，构配件、施工机具准备等。

### （三）组织准备

组织准备包括建立项目管理组织机构，建立以项目经理为核心、技术负责人为主，由专职质量检查员、工长、施工队班组长等组成的质量管理、控制网络，对施工现场的质量管理职能进行合理分配，健全和落实各项管理制度，形成分工明确、责任清楚的执行机制；集结施工队伍；对施工队伍进行入场教育等。

### （四）施工现场准备

施工现场准备包括工程测量定位和对标高基准点的控制；“五通一平”（“五通”即通上水、通下水、通电、通路、通信；“一平”即平整土地）；生产、生活临时设施等的准备；组织机具、材料进场；制定施工现场各项管理制度等。

## 二、事中质量监控

事中质量监控是指在施工过程中进行的质量控制。事中质量监控的策略是：全面监控施工过程，重点监控工序质量。

### （一）施工作业技术复核与计量管理

凡涉及施工作业技术活动基准和依据的技术工作，都应由专人负责复核性检查，复核结果报送监理工程师复验确认后，才能进行后续相关的施工，以避免基准失误给整个工程质量带来难以补救的或全局性的危害。例如，工程的定位、轴线、标高，预留空洞的位置和尺寸等。

施工过程中的计量工作包括投料计量、检测计量等，其正确性与可靠性直接关系到工程质量的形成和客观的效果评价，必须在施工过程中严格控制计量程序、计量器具的使用操作。

### （二）见证取样、送检工作的监控

见证取样指对工程项目使用的材料、半成品、构配件的现场取样，工序活动效果的检查见证。承包单位在对进场材料、试块钢筋接头等进行见证取样前要通知监理工程师，在工程师现场监督下完成取样过程，送往具有相应资质的试验室。试验室出具的报告应一式两份，分别由承包单位和项目监理机构保存，并作为归档材料，这是工序产品质量评定的重要依据。需要注意的是，见证取样不能代替承包单位在材料、构配件进场时必须进行的自检。

### （三）工程变更的监控

在施工过程中，由于种种原因会涉及工程变更，工程变更的要求可能来自建设单位、设计单位或施工承包单位。无论是哪一方提出工程变更或图纸修改，都应通过监理工程师审查并经有关方面研究，确认其必要性，由监理工程师发布变更指令后，方能实施。

### （四）隐蔽工程验收的监控

隐蔽工程验收是指将被其后续工程施工所隐藏的分项、分部工程，在隐蔽前所进行的检查验收。它是对一些已完分部、分项工程质量的最后一道检查。由于检查对象要被其他工程覆盖，会给以后的检查整改造成障碍，因此隐蔽工程验收是施工质量控制的重要环节。

通常，隐蔽工程施工完毕后，承包单位按有关技术规程、规范、施工图纸先进行自检且合格后，填写《报验申请表》，并附上相应的隐蔽工程检查记录及有关材料证明、试验报告、复试报告等，报送项目监理机构。监理工程师收到报验申请并对质量证明资料进行审查认可后，在约定的时间和承包单位的专职质检员及相关施工人员一起进行现场验收。如符合质量要求，监理工程师在《报验申请表》及隐蔽工程检查记录上签字确认，准予承包单位隐蔽，进入下一道工序施工；如经现场检查发现不符合质量要求，则监理工程师指令承包单位整改，整改后自检合格再报监理工程师复查。

### （五）其他措施

批量施工先行样板示范、现场施工技术质量例会、QC 小组活动等，也是长期施工管理实践过程中形成的质量控制途径。

## 三、事后质量控制

事后质量控制指在完成施工过程后形成的产品质量控制，其具体工作内容包括：成品保护、不合格品的处理以及施工质量检查验收。

### （一）成品保护

在施工过程中，当有些分项、分部工程已经完成，而其他部位尚在施工时，如果不对成品进行保护就会造成其损伤、污染而影响质量。因此，承包单位必须负责对成品采取妥善措施予以保护。对成品进行保护的最有效手段是合理安排施工顺序，通过合理安排不同工作间的施工顺序以防止后道工序损坏或污染已完工的成品。此外，也可采取一般措施来进行成品保护。

### （二）不合格品的处理

上道工序不合格，不准进入下道工序施工。不合格的材料、构配件、半成品不准进入施工现场且不允许使用；已经进场的不合格品应及时做出标识并记录，指定专人看管，避免用错，并限期清除出现场；不合格的工序或工程产品，不予计价。

### （三）施工质量检查验收

按照施工质量验收统一标准的规定，从施工作业工序开始，通过层层把关，依次做好检验批、分项工程、分部工程及单位工程的施工质量验收。

# 第二节　施工项目质量控制的内容

## 一、施工质量控制依据

概括地说，施工质量控制的技术法规性的依据主要有以下几类：①工程项目施工质量验收标准《建筑工程施工质量验收统一标准》（GB 50300—2013）以及其他行业工程项目的质量验收标准。②有关工程材料、半成品和构配件质量控制方面的专门技术法规性依据。③控制施工作业活动质量的技术规程，例如，电焊操作规程、砌砖操作规程、混凝土施工操作规程等。④凡采用新工艺、新技术、新材料的工程，应事先进行试验，并应有权威性技术部门的技术鉴定书及有关的质量数据、指标，在此基础上制定质量标准和施工工艺规程，以此作为判断与控制施工质量的依据。

## 二、施工准备的质量控制

### （一）施工承包单位资质的核查

#### 1.施工承包单位资质的分类

施工企业按照其承包工程的能力，可划分为施工总承包企业、专业承包企业和劳务分包企业。

（1）施工总承包企业

获得施工总承包资质的企业，可以对工程实行施工总承包或者对主体工程实行施工承包。施工总承包企业可以将承包的工程全部自行施工，也可将非主体工程或者劳务作业分包给具有相应专业承包资质或者劳务分包资质的其他建筑业企业。施工总承包企业的资质按专业类别共分为 12 个资质类别，每一个资质类别又分为特级、一级、二级、三级。

（2）专业承包企业

获得专业承包资质的企业，可以承接施工总承包企业分包的专业工程或者建设单位按照规定发包的专业工程。专业承包企业可以对所承接的工程全部自行施工，也可将劳务作业分包给具有相应劳务分包资质的劳务分包企业。专业承包企业资质按专业类别共分为 60 个资质类别，每一个资质类别又分为一、二、三级。

（3）劳务分包企业

获得劳务分包资质的企业，可以承接施工总承包企业或者专业承包企业分包的劳务作业。劳务承包企业的资质类别包括木工作业、砌筑作业、钢筋作业、架线作业等。有的资质类别分成若干级，有的则不分级，如木工、砌筑、钢筋作业劳务分包企业资质分为一级、二级。油漆、架线等作业劳务分包企业则不分级。

### 2.查对承包单位近期承建工程

实地参观考核工程质量情况及现场管理水平。在全面了解的基础上，重点考核与拟建工程类型、规模和特点相似或接近的工程，优先选取具有名牌优质工程的企业。

## （二）施工组织设计（质量计划）的审查

### 1.质量计划与施工组织设计

质量计划与现行施工管理中的施工组织设计既有相同的地方，又存在着差别：①对象相同。质量计划和施工组织设计都是针对某一特定工程项目提出的。②形式相同。二者均为文件形式。③作用既有相同之处又存在区别。投标时，投标单位向建设单位提供的施工组织设计和质量计划的目的是相同的，都是对建设单位做出工程项目质量管理的承诺；施工期间承包单位编制的、详细的施工组织设计仅供内部使用，用于具体指导工程项目的施工，而质量计划的主要作用是向建设单位做出保证。④编制的原理不同。质量计划的编制是以质量管理标准为基础的，在质量职能上对影响工程质量的各环节进行控制；而施工组织设计则是从施工部署的角度，着重在技术质量上来编制全面施工管理的计划文件。⑤内容上各有侧重点。质量计划的内容包括质量目标、组织结构和人员培训、采购、过程质量控制的手段和方法；而施工组织设计建立在对这些手段和方法具体而灵活运用的基础上。

2.施工组织设计的审查程序

第一，在工程项目开工前约定的时间内，承包单位必须完成施工组织设计的编制及内部自审批准工作，填写《施工组织设计（方案）报审表》，报送项目监理机构。

第二，总监理工程师在约定的时间内，组织专业监理工程师审查，提出意见后，由总监理工程师审核签认。需要承包单位修改时，由总监理工程师签发书面意见，退回承包单位修改后再报审，总监理工程师要重新审查。

第三，已审定的施工组织设计由项目监理机构报送建设单位。

第四，承包单位应按审定的施工组织设计文件组织施工。如需对其内容作较大的变更，应在实施前将变更内容以书面形式报送项目监理机构审核。

第五，规模大、结构复杂或属新结构、特种结构的工程，项目监理机构对施工组织设计审查后，还应报送监理单位技术负责人，经过审查提出审查意见后由总监理工程师签发，必要时与建设单位协商，组织有关专业部门和有关专家会审。

第六，规模大、工艺复杂的工程，群体工程或分期出图的工程，经建设单位批准可分阶段报审施工组织设计；技术复杂或采用新技术的分项、分部工程，承包单位还应编制该分项、分部工程的施工方案，报送项目监理机构审查。

### 3.审查施工组织设计时应掌握的原则

第一，施工组织设计的编制、审查和批准应符合规定的程序。

第二，施工组织设计应符合国家的技术政策，充分考虑承包合同规定的条件、施工现场条件及法规条件的要求，突出“质量第一”“安全第一”的原则。

第三，施工组织设计的针对性：承包单位是否了解并掌握了本工程的特点及难点，施工条件是否充分。

第四，施工组织设计的可操作性：承包单位是否有能力执行并保证工期和质量目标，该施工组织设计是否切实可行。

第五，技术方案的先进性：施工组织设计采用的技术方案和措施是否先进适用，技术是否成熟。

第六，质量管理和技术管理体系、质量保证措施是否健全且切实可行。

第七，安全、环保、消防和文明施工措施是否切实可行并符合有关规定。

第八，在满足合同和法规要求的前提下，对施工组织设计的审查，应尊重承包单位的自主技术决策和管理决策。

## （三）现场施工准备的质量控制

监理工程师现场施工准备的质量控制共包括 8 项工作：工程定位及标高基准控制、施工平面布置的控制、材料构配件采购订货的控制、施工机械配置的控制、分包单位资质的审核确认、设计交底与施工图纸的现场核对、严把开工关、监理组织内部的监控准备工作。

### 1.工程定位及标高基准控制

工程施工测量放线是建筑工程产品由设计转化为实物的第一步。监理工程师应将其作为保证工程质量的一项重要的内容，在监理工作中，应由测量专业监理工程师负责工程测量的复核控制工作。

### 2.施工平面布置的控制

监理工程师要检查施工现场的总体布置是否合理，是否有利于保证施工正常、顺利地进行，是否有利于保证质量等。

### 3.材料构配件采购订货的控制

凡由承包单位负责采购的原材料、半成品或构配件，在采购订货前应向监理工程师申报；对于重要的材料，还应提交样品，供试验或鉴定，有些材料则要求供货单位提交理化试验单（如预应力钢筋的硫、磷含量等），经监理工程师审查认可后，方可进行订货采购。

对于半成品和构配件的采购、订货，监理工程师应提出明确的质量要求、质量检测项目及标准；提出出厂合格证或产品说明书等质量文件的要求，以及是否需要权威性的质量认证等。

### 4.施工机械配置的控制

第一，施工机械设备的选择。除应考虑施工机械的技术性能、工作效率、工作质量、可靠性及维修难易程度、能源消耗以及安全、灵活等方面对施工质量的影响与保证外，还应考虑其数量配置对施工质量的影响与保证。

第二，审查施工机械设备的数量是否足够。

第三，审查所需的施工机械设备是否按已批准的计划备妥；所准备的机械设备是否与监理工程师审查认可的施工组织设计或施工计划中所列的相一致；所准备的施工机械设备是否都处于完好的可用状态等。

### 5.分包单位资质的审核确认

第一，分包单位提交《分包单位资质报审表》。总承包单位选定分包单位后，应向监理工程师提交《分包单位资质报审表》。

第二，监理工程师审查总承包单位提交的《分包单位资质报审表》。

第三，对分包单位进行调查，调查的目的是核实总承包单位申报的分包单位情况。

### 6.设计交底与施工图纸的现场核对

施工图是工程施工的直接依据，为了使施工承包单位充分了解工程特点、设计要求，减少图纸的差错，确保工程质量，减少工程变更，监理工程师应要求施工承包单位做好施工图的现场核对工作。

施工图纸现场核对工作主要包括以下几个方面：①施工图纸合法性的认定：施工图纸是否经设计单位正式签署，是否按规定经有关部门审核批准，是否得到建设单位的同意。②图纸与说明书是否齐全，如分期出图，图纸供应是否满足需要。③地下构筑物、障碍物、管线是否探明并标注清楚。④图纸中有无遗漏、差错或相互矛盾之处（如漏画螺栓孔、漏列钢筋明细表，尺寸标注有错误等），图纸的表示方法是否清楚和符合标准等。⑤地质及水文地质等基础资料是否充分、可靠，地形、地貌与现场实际情况是否相符。⑥所需材料的来源有无保证，能否替代；新材料、新技术的采用有无问题。⑦所提出的施工工艺、方法是否合理，是否切合实际，是否存在不便于施工之处，能否保证质量要求。⑧施工图或说明书中所涉及的各种标准、图册、规范、规程等，承包单位是否具备。对于存在的问题，要求承包单位以书面形式提出，在设计单位以书面形式进行解释或确认后，承包单位才能进行施工。

### 7.严把开工关

在总监理工程师向承包单位发出开工通知书时，建设单位即应按照计划保证质量地提供承包单位所需的场地和施工通道以及水、电供应条件，以保证及时开工，防止承担补偿工期和费用损失的责任。为此，监理工程师应事先检查工程施工所需的场地征用，以及道路和水、电是否开通等。

总监理工程师对拟开工工程有关的现场各项施工准备工作进行检查并认为合格后，方可发布书面的施工指令，开工前承包单位必须提交《工程开工报审表》，经监理工程师审查，前述各方面条件具备并由总监理工程师予以批准后，承包单位才能正式开始施工。

8.监理组织内部的监控准备工作

建立并完善项目监理机构的质量监控系统，做好监控准备工作，使之能适应监理项目质量监控的需要，这是监理工程师做好质量控制的基础工作之一。

## 三、施工过程质量控制

### （一）作业技术准备状态的控制

所谓作业技术准备状态——在正式开展作业技术活动前，各项施工准备是否按预先计划的安排落实到位的状况。

1.质量控制点的设置

质量控制点是指为了保证作业过程质量而确定的重点控制对象、关键部位或薄弱环节。

设置质量控制点是保证达到施工质量要求的必要前提。具体做法是承包单位事先分析可能造成质量问题的原因，针对原因制定对策，列出质量控制点明细表，提交监理工程师审查批准后，实施质量预控。

### 2.选择质量控制点的一般原则

第一，施工过程中的关键工序或环节以及隐蔽工程，如预应力结构的张拉工序，钢筋混凝土结构中的钢筋架立。

第二，施工中的薄弱环节，或质量不稳定的工序、部位或对象，如地下防水层施工。

第三，对后续工程施工或对后续工序质量安全有重大影响的工序、部位或对象，如预应力结构中的预应力钢筋质量、模板的支撑与固定等。

第四，采用新技术、新工艺、新材料的部位或环节。

第五，施工上无足够把握的、施工条件困难的或技术难度大的工序或环节，如复杂曲线模板的放样等。

是否设置为质量控制点，主要视其对质量特性影响的大小、危害程度以及其质量保证的难度大小而定。

## （二）作业技术交底的控制

作业技术交底是施工组织设计或施工方案的具体化。项目经理部中主管技术人员编制的技术交底书，需经项目总工程师批准。

技术交底的内容有：施工方法、质量要求和验收标准，施工过程中需注意的问题，出现意外的补救措施和应急方案。

交底中要明确的问题：做什么、谁来做、如何做、作业标准和要求、什么时间完成等。关键部位或技术难度大、施工复杂的检验批，分项工程施工前，承包单位的技术交底书（作业指导书）要报监理工程师。经监理工程师审查后，如技术交底书不能保证作业活动的质量要求，承包单位要进行修改补充。没有做好技术交底的工序或分项工程，不得进入正式实施阶段。

### 1.进场材料构配件的质量控制

凡运到施工现场的原材料、半成品或构配件，进场前应向项目监理机构提交《工程材料/构配件/设备报审表》，同时附有产品出厂合格证及技术说明书，由施工承包单位按规定要求进行检验的检验或试验报告经监理工程师审查并确认其质量合格后，方准进场。凡是没有产品出厂合格证明及检验不合格者，不得进场。

如果监理工程师认为承包单位提交的有关产品合格证明的文件以及施工承包单位提交的检验和试验报告，仍不足以说明到场产品的质量符合要求，监理工程师可以再行组织复检或见证取样试验，确认其质量合格后方允许进场。

### 2.环境状态的控制

（1）施工作业环境的控制

作业环境条件包括水、电或动力供应，施工照明、安全防护设备，施工场地空间条件和通道，交通运输道路条件等。

监理工程师应事先检查承包单位是否已做好安排和准备妥当；当确认其准备可靠、有效后，方可准许其进行施工。

（2）施工质量管理环境的控制

施工质量管理环境主要是指：①施工承包单位的质量管理体系和质量控制自检系统是否处于良好状态。②系统的组织结构、管理制度、检测制度、检测标准、人员配备等方面是否完善和明确。③质量责任制是否落实。④质检员应协助项目经理部做好施工质量管理环境的检查，并督促其落实，这是保证作业效果的重要前提。

### 3.进场施工机械设备性能及工作状态的控制

（1）进场检查

进场前，施工单位报送进场设备清单。清单包括机械设备规格、数量、技术性能、设备状况、进场时间。进场后，监理工程师进行现场核对，核对是否和施工组织设计中所列的内容相符。

（2）工作状态的检查

审查机械使用、保养记录，检查工作状态。

（3）特殊设备安全运行的审核

对于现场使用的塔吊及有关特殊安全要求的设备，进入现场后，在使用前，必须经当地劳动安全部门鉴定，该特殊设备符合要求并办好相关手续后方允许承包单位投入使用。

（4）大型临时设备的检查

设备使用前，承包单位必须取得本单位上级安全主管部门的审查批准，办好相关手续后，监理工程师方可批准投入使用。

### 4.施工测量及计量器具性能、精度的控制

（1）试验室

承包单位应建立试验室；不能建立时，应委托有资质的专门试验室进行试验。如是新建的试验室，应按国家有关规定，经计量主管部门进行认证，取得相应资质；如是本单位中心试验室的派出部分，则应有中心试验室的正式委托书。

（2）监理工程师对试验室的检查

第一，工程作业开始前，承包单位应向监理机构报送试验室（或外委试验室）的资质证明文件，列出本试验室所开展的试验、检测项目，主要仪器、设备，法定计量部门对计量器具的标定证明文件，试验检测人员上岗资质证明，试验室管理制度等。

第二，监理工程师的实地检查。监理工程师应检查试验室资质证明文件、试验设备、检测仪器能否满足工程质量检查要求，是否处于良好的可用状态；

精度是否符合需要；法定计量部门标定资料，合格证、率定表是否在标定的有效期内；试验室管理制度是否完善，符合实际；试验、检测人员的上岗资质等。经检查、确认能满足工程质量检验要求，则予以批准，同意使用，否则，承包单位应进一步完善、补充，在得到监理工程师同意之前，试验室不得使用。

第三，工地测量仪器的检查。在施工测量开始前，承包单位应向项目监理机构提交测量仪器的型号、技术指标、精度等级、法定计量部门的标定证明，测量工的上岗证明等。在监理工程师审核确认后，方可进行正式测量作业。在作业过程中，监理工程师也应经常检查了解计量仪器、测量设备的性能、精度状况，使其保持在良好的状态。

#### 5.施工现场劳动组织及作业人员上岗资格的控制

第一，现场劳动组织的控制。劳动组织涉及从事作业活动的操作者及管理者，以及相应的各种管理制度。①操作人员：主要技术工人必须持有相关职业资格证书。②管理人员到位：作业活动的直接负责人（包括技术负责人）、专职质检人员、安全员，与作业活动有关的测量人员、材料员、试验员必须在岗。③相关制度要健全。

第二，作业人员上岗资格。从事特殊作业的人员（如电焊工、电工、起重工、架子工、爆破工），必须持证上岗。对此监理工程师要进行检查与核实。

### （三）作业技术活动结果的控制

#### 1.作业技术活动结果的控制内容

作业技术活动结果的控制是施工过程中间产品及最终产品质量控制的方式，只有作业活动的中间产品质量都符合要求，才能保证最终单位工程产品的质量。主要内容有：①基槽（基坑）验收。②隐蔽工程验收。③工序交接验收。④检验批分项、分部工程的验收。⑤联动试车或设备的试运转。⑥单位工程或整个工程项目的竣工验收。⑦不合格的处理。上道工序不合格——不准进入下道工序施工；不合格的材料、构配件、半成品——不准进入施工现场且不允许使用；已进场的不合格品应及时做出标识、记录，指定专人看管，避免用错，并限期清除出现场；不合格的工序或工程产品——不予计价。

### 2.作业技术活动结果检验程序

作业技术活动结果检验程序是：施工承包单位竣工自检—提交《工程竣工报验单》—总监理工程师组织专业监理工程师—竣工初验—初验合格—报建设单位—建设单位组织正式验收。

# 第三节　施工项目质量控制的方法与手段

施工项目质量控制的方法，主要是审核有关技术文件、报告或报表，进行现场质量检验，质量控制统计法，等等。

## 一、审核有关技术文件、报告或报表

对技术文件、报告、报表的审核，是项目经理对工程质量进行全面控制的重要手段，其具体内容包括：①审核有关技术资质证明文件。②审核开工报告，并进行现场核实。③审核施工方案、施工组织设计和技术措施。④审核有关材料、半成品的质量检验报告。⑤审核反映工序质量动态的统计资料或控制图表。

⑥审核设计变更、修改图纸和技术核定书。⑦审核有关质量问题的处理报告。⑧审核有关应用新工艺、新材料、新技术、新结构的技术鉴定书。⑨审核有关工序交接检查，分项、分部工程质量检查报告。⑩审核并签署现场有关技术签证、文件等。

## 二、现场质量检验

### （一）现场质量检验的内容

#### 1.开工前检查

目的是检查是否具备开工条件，开工后能否连续正常施工，能否保证工程质量。

#### 2.工序交接检查

对于重要的工序或对工程质量有重大影响的工序，在自检、互检的基础上，还要组织专职人员进行工序交接检查。

#### 3.隐蔽工程检查

凡是隐蔽工程均应检查认证后方能掩盖。

#### 4.停工后复工前的检查

因处理质量问题或某种原因停工后需复工的，经检查认可后方能复工。

#### 5.分项、分部工程的检查

完工后，应经检查认可，签署验收记录后，才能进行下一工程项目施工。

#### 6.成品保护检查

检查成品有无保护措施，或保护措施是否可靠。

此外，负责质量工作的领导和工作人员还应深入现场，对施工操作质量进行巡视检查；必要时，还应进行跟班或追踪检查。

## （二）现场质量检验工作的作用

### 1.质量检验工作的内容

质量检验就是根据一定的质量标准，借助一定的检测手段来估计工程产品、材料或设备等的性能特征或质量状况的工作。

质量检验工作在检验每种质量特征时，一般包括以下内容：①明确某种质量特性的标准。②量度工程产品或材料的质量特征数值或状况。③记录与整理有关的检验数据。④将量度的结果与标准进行比较。⑤对质量进行判断与估价。⑥对符合质量要求的作出安排。⑦对不符合质量要求的进行处理。

### 2.质量检验的作用

要保证和提高施工质量，质量检验是必不可少的手段。概括起来，质量检验的主要作用如下：①它是质量保证与质量控制的重要手段。为了保证工程质量，在质量控制中，需要将工程产品或材料、半成品等的实际质量状况（质量特性等）与规定的某一标准进行比较，以便判断其质量状况是否符合要求，这就需要通过质量检验手段来检测实际情况。②质量检验为质量分析与质量控制提供了所需的有关技术数据和信息，因此它是质量分析、质量控制与质量保证的基础。③通过对进场和使用的材料、半成品、构配件及其他器材、物资进行全面的质量检验工作，可避免因材料、物资的质量问题而导致工程质量事故的发生。④在施工过程中，通过对施工工序的检验取得数据，可及时判断质量，采取措施，防止质量问题的延续与积累。

## （三）现场质量检查的方法

现场进行质量检查的方法有目测法、实测法和试验法。

1.目测法

其手段可归纳为“看、摸、敲、照”。

（1）“看”

“看”就是根据质量标准进行外观目测。如装饰工程墙、地砖铺的四角对缝是否垂直一致，砖缝宽度是否一致，是否横平竖直。又如，清水墙面是否洁净，喷涂是否密实、颜色是否均匀，内墙抹灰大面及口角是否平直，地面是否光洁平整，施工顺序是否合理，工人操作是否正确等，均是通过目测检查、评价。

（2）“摸”

“摸”就是手感检查，主要用于装饰工程的某些检查项目，如水刷石、干粘石黏结牢固程度，油漆的光滑度，浆活是否掉粉，地面有无起砂等，均可通过“摸”加以鉴别。

（3）“敲”

“敲”是运用工具进行声感检查。对地面工程、装饰工程中的水磨石、面砖、锦砖和大理石贴面等，均应进行敲击检查，通过声音的虚实确定有无空鼓，还可根据声音的清脆和沉闷，判定属于面层空鼓或底层空鼓。此外，用手敲玻璃，如发出颤动声响，一般是底灰不满或压条不实。

（4）“照”

“照”对于难以看到或光线较暗的部位，可采用镜子反射或灯光照射的方法进行检查。

2.实测法

实测法是通过实测数据与施工规范及质量标准所规定的允许偏差对照，来判别质量是否合格。实测法的手段，可归纳为“靠、吊、量、套”4个字。

第一，“靠”是用直尺、塞尺检查墙面、地面、屋面的平整度。

第二，“吊”是用托线板以线坠吊线检查垂直度。

第三，“量”是用测量工具和计量仪表等检查断面尺寸、轴线、标高、湿度、温度等的偏差。

第四，“套”是指以方尺套方，辅以塞尺检查。如对阴阳角的方正、踢脚线的垂直度、预制构件的方正等项目的检查。对门窗口及构配件的对角线（窜角）检查，也是套方的特殊手段。

3.试验法

试验法是指必须通过试验手段，才能对质量进行判断的检查方法。如对桩或地基的静载试验，确定其承载力；对钢结构进行稳定性试验，确定是否产生失稳现象；对钢筋焊接头进行拉力试验，检验焊接的质量等。

## 三、质量控制统计法

### （一）排列图法

排列图法又称主次因素分析法，是找出影响工程质量因素的一种有效方法。

排列图的画法和主次因素分类：①决定调查对象、调查范围、内容和提取数据的方法，收集一批数据（如废品率、不合格率、规格数量等）。②整理数据，按问题或原因的频数（或点数），从大到小排列，并计算其发生的频率和累计频率。③作排列图。④分类，通常把累计频率百分数分为 3 类：0%～80%为 A 类，是主要因素；80%～90%为 B 类，是次要因素；90%～100%为 C 类，是一般因素。⑤注意点：主要因素最好是 1～2 个，最多不超过 3 个，否则就失去了找主要矛盾的意义。

## （二）因果分析图法

因果分析图也称特性要因图，用来表示因果关系。此方法通过对质量问题的重要影响因素进行整理、归纳、分析，查找原因，以便采取措施解决质量问题。

要因一般可从以下几个方面来找，即人员、材料、机械设备、工艺方法和环境。

因果图画法：①确定需要分析的质量特性，画出带箭头的主干线。②分析造成质量问题的各种原因，逐层分析，由大到小，追查原因中的原因，直到找出具体的解决措施为止。③按原因大小以枝线逐层标记于图上。④找出关键原因，并标注在图上。

## （三）直方图法

直方图法又称频数分布直方图法，它是将收集到的质量数据进行分组整理，绘制成频数分布直方图，用以描述质量分布状态的一种方法。因此直方图又称质量分布图。

产品质量由于受各种因素的影响，必然会出现波动。即使用同一批材料，同一台设备，由同一操作者采用相同工艺，生产出来的产品质量也不会完全一致。但是，产品质量的波动有一定范围和规律，质量分布就是指质量波动的范围和规律。

产品质量的状态是用指标数据来反映的，质量的波动表现为数据的波动。直方图就是通过频数分布分析、研究数据的集中程度和波动范围的一种统计方法，是把收集到的产品质量的特征数据，按大小顺序加以整理，进行适当分组，计算每一组中数据的个数（频数），将这些数据在坐标纸上画一些矩形图

（横坐标为样本的取值范围，纵坐标为频数），以此来分析质量分布的状态。

### （四）控制图法

控制图法又称管理图法，是分析和控制质量分布动态的一种方法。产品的生产过程是连续不断的，因此应对产品质量的形成过程进行动态监控。控制图法就是一种对质量分布进行动态控制的方法。

#### 1.控制图的原理

控制图是依据正态分布原理，合理控制质量特征数据的范围和规律，对质量分布动态进行监控。

#### 2.控制图的作法

绘制控制图的关键是确定中心线和控制上下界限。但控制图有多种类型，如 $\bar{X}$（平均值）控制图、$S$（标准偏差）控制图、$R$（极差）控制图、 $\bar{X}$-$R$（平均值-极差）控制图、$P$（不合格率）控制图等，每一种控制图的中心线和上下界限的确定方法不一样。为了应用方便，人们编制出各种控制图的参数计算公式，在使用时只需查表，再简单计算即可。

#### 3.控制图的分析

第一，数据分布范围分析：数据分布应在控制上下限内，凡跳出控制界限，说明波动过大。

第二，数据分布规律分析：数据分布是正态分布。

### （五）相关图法

相关图又称散布图。在质量控制中它是用来显示两种质量数据之间关系的一种图形。

相关图的原理及作法：将两种需要确定关系的质量数据用点标注在坐标图

上，从而根据点的散布情况判别两种数据之间的关系，以便进一步弄清影响质量特征的主要因素。

### （六）分层法

分层法又称分类法，是将调查收集的原始数据，根据不同的目的和要求，按某一性质进行分组、整理的分析方法。分层的结果是使数据各层间的差异突出地显示出来，层内的数据差异减少。在此基础上再进行层间、层内的比较分析，可以更深入地发现和认识质量问题。由于产品质量是多方面因素共同作用的结果，因而对同一批数据，可以按不同性质分层，使我们能从不同角度来考虑、分析产品存在的质量问题和影响因素。

常用的分层标志有：①按操作班组或操作者分层。②按使用机械设备型号分层。③按操作方法分层。④按原材料供应单位、供应时间或等级分层。⑤按施工时间分层。⑥按检查手段、工作环境等分层。

分层法是质量控制统计分析方法中最基本的一种方法。其他统计方法一般都要与分层法配合使用。

### （七）调查表法

调查表法又称统计调查分析法，它是利用专门设计的统计表对质量数据进行收集、整理和粗略分析质量状态的一种方法。

在质量控制活动中，利用统计调查表收集数据，简便灵活，便于整理，实用有效。它没有固定格式，可根据需要和具体情况，设计出不同的统计调查表。

常用的有以下几种方法：①分项工程作业质量分布调查表。②不合格项目调查表。③不合格原因调查表。④施工质量检查评定调查表。

## 四、工序质量控制

工程项目的施工过程，是由一系列相互关联、相互制约的工序所构成，工序质量是基础，直接影响到工程项目的整体质量。要控制工程项目施工过程的质量，必须先控制工序的质量。

工序质量包含两个方面的内容：一是工序活动条件的质量；二是工序活动效果的质量。从质量控制的角度来看，这两者是互相关联的。一方面要控制工序活动条件的质量，即每道工序投入品的质量（即人、材料、机械、方法和环境的质量）是否符合要求；另一方面又要控制工序活动效果的质量，即每道工序施工完成的工程产品是否达到有关质量标准。

## 五、质量控制点的设置

质量控制点的设置是指为了保证施工项目质量需要进行控制的重点，或关键部位，或薄弱环节，以便在一定时期内、一定条件下进行强化管理，使施工质量处于良好的受控状态。质量控制点的设置，要根据工程的重要程度，或某部位质量特性对整个工程质量的影响程度来确定。为此，在设置质量控制点时，先要对施工的工程对象进行全面分析、比较，以明确质量控制点；随后进一步分析所设置的质量控制点在施工中可能出现的质量问题或造成质量隐患的原因，针对这些原因，相应地提出对策予以预防。由此可见，设置质量控制点，是对工程质量进行预控的有力措施。

质量控制点的涉及面较广，根据工程特点，视其重要性、复杂性、精确性、质量标准和要求，可能是结构复杂的某一工程项目，可能是技术要求高、施工难度大的某一结构的构件或分项、分部工程，也可能是影响质量的某一关键环节中的某一工序或若干工序。总之，操作、材料、机械设备、施工顺序、技术参数、自然条件、工程环境等，均可作为质量控制点来设置，主要视其对质量特征影响的大小及危害程度而定。

## 六、检查检测手段

在施工项目质量控制过程中，常用的检查、检测手段有以下几个方面。

### （一）日常性的检查

日常性的检查即在现场施工过程中，质量控制人员（专业工人、质检员、技术人员）对操作人员的操作情况及结果的检查和抽查，及时发现质量问题或质量隐患、事故苗头，以便及时进行控制。

### （二）测量和检测

利用测量仪器和检测设备对建筑物水平和竖向轴线标高几何尺寸、方位进行控制，对建筑结构施工的有关砂浆或混凝土强度进行检测，严格控制工程质量，发现偏差时及时纠正。

### （三）试验及见证取样

各种材料及施工试验应符合相应规范和标准的要求，诸如原材料的性能，混凝土搅拌的配合比和计量，坍落度的检查等，均需通过试验的手段进行控制。

### （四）实行质量否决制度

质量检查人员和技术人员对施工中存在的问题，有权以口头方式或书面方式要求施工操作人员停工或者返工，以纠正违规行为，责令将不合格的产品推倒重做。

### （五）按规定的工作程序控制

预检、隐检应有专人负责并按规定检查，做出记录，第一次使用的混凝土配合比要进行开盘鉴定，混凝土浇筑应经申请和批准，完成的分项工程质量要进行实测实量的检验评定等。

### （六）对使用安全与功能的项目实行竣工抽查检测

对使用安全与功能的项目实行竣工抽查检测，严把分项工程质量检验评定关。

## 七、成品保护措施

在施工过程中，有些分项、分部工程已经完成，其他工程尚在施工，或者某些部位已经完成，其他部位正在施工，如果对已完成的成品，不采取完善的措施加以保护，就会对这些成品造成损伤，影响质量。这样，不仅会增加修补工作量、浪费工料、拖延工期，而且有的损伤难以恢复到原样，成为永久性缺陷。因此，搞好成品保护，是一项关系到确保工程质量，降低工程成本，按期竣工的重要环节。

第一，要培养全体职工的质量观念，对国家、人民负责，自觉爱护公物，尊重他人的劳动成果，在施工操作时珍惜已完成的和部分完成的成品。

第二，要合理安排施工顺序，采取行之有效的成品保护措施。

### （一）施工顺序与成品保护

合理地安排施工顺序，按正确的施工流程组织施工，是进行成品保护的有效途径之一。

第一，遵循“先地下后地上”“先深后浅”的施工顺序，有利于保护地下管网和道路路面。

第二，地下管道与基础工程相配合进行施工，可避免基础完工后再打洞挖槽安装管道，影响施工质量和进度。

第三，先在房心回填土后，再做基础防潮层，则可保护防潮层不致受填土夯实损伤。

第四，装饰工程采取自上而下的流水顺序，可以使房屋主体工程完成后，有一定沉降期；先做好屋面防水层，可防止雨水渗漏。这些都有利于保护装饰工程质量。

第五，先做地面，后做顶棚、墙面抹灰，可以保护下层顶棚、墙面抹灰不受渗水污染；但在已做好的地面上施工，需对地面加以保护。若先做顶棚、墙面抹灰，后做地面，则要求楼板灌缝密实，以免漏水污染墙面。

第六，楼梯间和踏步饰面，宜在整个饰面工程完成后，再自上而下地进行；门窗扇的安装通常在抹灰后进行；一般先油漆，后安装玻璃。按照这些施工顺序进行施工都是有利于成品保护的。

第七，当采用单排外脚手架砌墙时，由于砖墙上面有脚手架洞眼，故一般情况下，内墙抹灰需待同一层外粉刷完成、脚手架拆除、洞眼填补后，才能进行，以免影响内墙抹灰的质量。

第八，先喷浆再安装灯具，可避免安装灯具后又修理浆活，从而污染灯具。

第九，当铺贴连续多跨的卷材防水屋面时，应按先高跨后低跨，先远（离交通进出口）后近，先天窗油漆、玻璃，后铺贴卷材屋面的顺序进行。这样可避免在铺好的卷材屋面上行走和堆放材料工具等物，有利于保护屋面的质量。

以上示例说明，只有合理安排施工顺序，才能有效地保护成品的质量，也才能有效地防止后道工序损伤或污染前道工序。

## （二）成品保护的措施

成品保护主要措施有“护、包、盖、封”。

### 1.“护”

“护”就是提前保护，以防止成品可能发生的损伤和污染。如为了防止清水墙面污染，在脚手架、安全网横杆、进料口四周以及临近水刷石墙面上，提前钉上塑料布或纸板；清水墙楼梯踏步采用护棱角铁上下连通固定；门口在推车易碰部位，在小车轴的高度钉上防护条或槽型盖铁；进出口台阶应垫砖或方木，搭脚手板过人；外檐水刷石大角或柱子要立板固定保护；门扇安好后要加楔固定等。

### 2.“包”

“包”就是进行包裹，以防止成品被损伤或污染。如大理石或高级水磨石块柱子贴好后，应用立板包裹捆扎；楼梯扶手易污染变色，油漆前应裹纸保护；铝合金门窗应用塑料布包扎；炉片管道污染后不好清理，应包纸保护；电气开关、插座、灯具等设备也应包裹，防止喷浆时污染等。

### 3.“盖”

“盖”就是表面覆盖，防止堵塞损伤。如预制水磨石、大理石楼梯应用木板、加气板等覆盖，以防操作人员踩踏和物体磕碰；水泥地面、现浇或预制水磨石地面，应铺干锯末保护；高级水磨石地面或大理石地面，应用苫布或棉毡覆盖；落水口、排水管安好后要加以覆盖，以防堵塞；散水交活后，为保水养护并防止磕碰，可盖一层土或砂子；其他需要防晒防冻、保温养护的项目，也要采取适当的覆盖措施。

4.“封”

“封”就是局部封闭。如预制磨石楼梯、水泥抹面楼梯施工后，应将楼梯口暂时封闭，待达到上人强度并采取保护措施后再开放；室内塑料墙纸、木地板油漆完成后，均应立即锁门；屋面防水做完后，应封闭上屋面的楼梯门或出入口；室内抹灰或浆活交活后，为调节室内温湿度，应有专人开关外窗等。

总之，在工程项目施工中，必须充分重视成品保护工作。道理很简单，哪怕生产出来的产品是优质品、上等品，如果保护不好，遭受损伤或污染，就会成为次品、废品、不合格品。

## 第四节　建设工程项目质量控制系统

建设工程项目的实施，是涉及业主方、设计方、施工方、监理方、供应方等多方主体的活动。各方主体各自承担了建设工程项目的不同实施任务和质量责任，并通过建立质量控制系统，实施质量目标的控制。

# 一、建设工程项目质量控制系统概述

## （一）项目质量控制系统的性质

建设工程项目质量控制系统是建设工程项目目标控制的一个子系统，与投资控制、进度控制等依托于同一项目的目标控制体系，它既不是建设单位的质量管理体系，也不是施工企业的质量保证体系。它是以工程项目为对象，由工程项目实施的总组织者负责建立的一次性的面向对象开展质量控制的工作体系，随着项目的完结和项目管理组织的解体而消失。

## （二）项目质量控制系统的范围

### 1.主体范围

建设单位、设计单位、工程总承包企业、施工企业、建设工程监理机构、材料设备供应厂商等构成了项目质量控制系统的主体，这些主体可分为两大类，即质量责任自控主体和监控主体，它们在质量控制系统中的地位与作用不同。承担建设工程项目设计、施工或材料设备采购的单位，负有直接的产品质量责任，属于质量控制系统中的自控主体；在建设工程项目的实施过程中，对各质量责任主体的质量活动行为和活动结果实施监督、控制的组织，称为质量监控主体，如业主、项目监理机构等。

### 2.工程范围

系统所涉及的工程范围，一般根据项目的定义或工程承包合同来确定。具体地说，可能有以下几种情况：①建设工程项目范围内的全部工程；②建设工程项目范围内的某一单项工程或标段工程；③建设工程项目某单项工程范围内的一个单位工程。

### 3.任务范围

项目实施的任务范围，即对工程项目实施的全过程或若干阶段进行定义。建设工程项目质量控制系统服务于建设工程项目管理的目标控制，其质量控制的系统职能贯穿于项目的勘察、设计、采购、施工和竣工验收等各个实施环节，即建设工程项目全过程质量控制的任务或若干阶段承包的质量控制任务。

## （三）项目质量控制系统的结构

建设工程项目质量控制系统，一般情况下能够形成多层次、多单元的结构形态，这是由其实施任务的委托方式和合同结构所决定的。

### 1.多层次结构

多层次结构是相对于建设工程项目质量控制系统纵向垂直分解的单项、单位工程项目质量控制子系统。系统纵向层次机构的合理性是建设工程项目质量目标、控制责任和分解落实措施的重要保证。

在大中型建设工程项目，尤其是群体工程的建设工程项目中，第一层面的质量控制系统应由建设单位的建设工程项目管理机构负责建立，在委托代建、委托项目管理或实行交钥匙式工程总承包的情况下，应由相应的代建方项目管理机构受托或由工程总承包企业项目管理机构负责建立。第二层面的质量控制系统，通常是指由建设工程项目的设计总负责单位施工、总承包单位等建立相应管理范围内的质量控制系统。第三层面及其以下是承担工程设计、施工安装、材料设备供应等各承包单位的现场质量自控系统，或称各自的施工质量保证体系。

### 2.多单元结构

多单元结构是指在建设工程项目质量控制总体系统下，第二层面的质量控制系统及其以下的质量自控或保证体系可能有多个。这是项目质量目标、责任和措施分解的必然结果。

### （四）项目质量控制系统的特点

建设工程项目质量控制系统是面向对象建立的质量控制工作体系，主要包括以下内容。

1.服务的范围

建设工程项目质量控制系统涉及建设工程项目实施过程中所有的质量责任主体，而不只是涉及某一个承包企业或组织机构。

2.控制的目标

建设工程项目质量控制系统的控制目标是建设工程项目的质量标准，而并非某一具体建筑企业或组织的质量管理目标。

3.作用的时效

建设工程项目质量控制系统与建设工程项目管理组织系统相融合，是一次性的而非永久性的质量工作系统。

4.评价的方式

建设工程项目质量控制系统的有效性一般由建设工程项目管理的总组织者进行自我评价与诊断，不需进行第三方认证。

## 二、建设工程项目质量控制系统的建立

建设工程项目质量控制系统的建立，为建设工程项目的质量控制提供了组织制度方面的保证。这一过程，是建设工程项目质量总目标的确定和分解过程，也是建设工程项目各参与方之间质量管理关系和控制责任的确定过程。为

了保证质量控制系统的科学性和有效性，必须明确系统建立的原则、主体和程序。

## （一）建立的原则

### 1.目标分解

项目管理者应根据控制系统内工程项目的分解结构，将工程项目的建设标准和质量总体目标分解到各个责任主体以明示合同条件，由各责任主体制订出相应的质量计划，确定其具体的控制方式和要求。

### 2.分层规划

建设工程项目管理的总组织者（如建设单位）和承担项目实施任务的各参与单位，应分别规划建设工程项目质量控制系统的不同层次和范围。

### 3.明确责任

应按照建筑法和建设工程质量管理条例中有关建设工程质量责任的规定，界定各方的质量责任范围和控制要求。

### 4.系统有效

建设工程项目质量控制系统，应从实际出发，结合项目特点、合同结构和项目管理组织系统的构成情况，建立项目各参与方共同遵循的质量管理制度和控制措施，形成有效的运行机制。

## （二）建立的主体

一般情况下，建设工程项目质量控制系统应由建设单位或建设工程项目总承包企业的工程项目管理机构负责建立。在分阶段依次对勘察、设计、施工、安装等任务进行招标的情况下，通常应由建设单位或其委托的建设工程项目管理企业负责建立建设工程项目质量控制系统，各个承包企业应根据该系统的要求，建立隶属于该系统的设计项目、施工项目、采购供应项目等质量控制子系统，以进行其质量责任范围内的质量管理和目标控制。

### （三）建立的程序

工程项目质量控制系统的建立过程，一般可按以下程序依次展开。

#### 1.确定系统质量控制主体网络架构

明确系统各层面的建设工程质量控制负责人，一般包括承担项目实施任务的项目经理（或工程负责人）、总工程师、技术负责人、项目监理机构的总监理工程师、专业监理工程师等，以形成明确的项目质量控制责任者的关系网络架构。

#### 2.制定系统质量控制制度

系统质量控制制度包括质量控制例会制度、协调制度、报告审批制度、质量验收制度和质量信息管理制度等。形成的建设工程项目质量控制系统的管理文件或手册，应作为承担建设工程项目实施任务各方主体共同遵循的管理依据。

#### 3.分析系统质量控制界面

建设工程项目质量控制系统的质量控制界面，包括静态界面和动态界面。一般来说，静态界面是根据法律法规、合同条件、组织内部职能分工来确定的。动态界面是指项目实施过程中设计单位之间、施工单位之间、设计单位与施工单位之间的衔接配合关系及其责任划分，必须通过分析研究，确定管理原则与协调方式。

#### 4.编制系统质量控制计划

建设工程项目管理总组织者负责主持编制建设工程项目总质量计划，并根据质量控制系统的要求，部署各质量责任主体编制与承担相应任务范围的质量计划，按规定程序完成质量计划的审批，作为其实施自身工程质量控制的依据。

## 三、建设工程项目质量控制系统的运行

建设工程项目质量控制系统的运行，既是系统功能的发挥过程，又是质量活动职能和效果的控制过程。质量控制系统能够有效运行，依赖于系统内部的运行环境和运行机制的完善。

### （一）运行环境

建设工程项目质量控制系统的运行环境，主要是指为系统运行提供支持的管理关系、制度和资源配置的条件。

#### 1.建设工程的合同结构

建设工程合同是联系建设工程项目各参与方的纽带。合同结构合理、质量标准和责任条款明确、严格履约管理直接关系到质量控制系统的运行成败。

#### 2.质量管理的组织制度

建设工程项目质量控制系统内部的各项管理制度和程序性文件，为质量控制系统各个环节的运行提供了必要的行动指南、行为准则和评价基准，是系统有序运行的基本保证。

#### 3.质量管理的资源配置

质量管理的资源配置是质量控制系统得以运行的基础条件，它包括专职的工程技术人员和质量管理人员的配置，以及实施技术管理和质量管理所必需的设备、设施、器具、软件等物质资源的配置。

## （二）运行机制

建设工程项目质量控制系统的运行机制，是质量控制系统的生命，是由一系列质量管理制度安排所形成的内在能力。它包括动力机制、约束机制、反馈机制和持续改进机制等。

### 1.动力机制

建设工程项目的实施过程是由多主体参与的价值增值链，只有保持合理的供方及分供方等各方关系，才能形成合力，保证项目的成功。动力机制作为建设工程项目质量控制系统运行的核心机制，可以通过公正、公开、公平的竞争机制和利益机制的制度设计来实现。

### 2.约束机制

约束机制取决于各主体内部的自我约束能力和外部的监控效力。约束能力表现为组织及个人的经营理念、质量意识、职业道德及技术能力的发挥；监控效力取决于建设工程项目实施主体外部对质量工作的推动和监督检查。两者相辅相成，构成了质量控制过程的制衡关系。

### 3.反馈机制

反馈机制是对质量控制系统的能力和运行效果进行评价，并为及时进行处置提供决策依据的制度安排。项目管理者应经常深入生产第一线，掌握第一手资料，并通过相关的制度安排来保证质量信息反馈的及时和准确。

### 4.持续改进机制

应用 PDCA 循环原理展开质量控制。注重抓好控制点的设置和控制，不断寻找改进机会，研究改进措施，完善和持续改进建设工程项目质量控制系统，提高质量控制能力和控制水平。

## 四、施工阶段质量控制的目标

施工阶段质量控制的总体目标要贯彻执行我国现行建设工程质量法规和标准，正确配置生产要素并采用科学管理的方法，实现由建设工程项目决策、设计文件和施工合同所决定的工程项目预期的使用功能和质量标准。不同管理主体的施工质量控制目标不同，但都致力于实现项目质量总目标。

第一，建设单位的质量控制目标，是通过施工过程的全面质量监督管理、协调和决策，保证竣工项目达到投资决策所要求的质量标准。

第二，设计单位在施工阶段的质量控制目标，是通过设计变更控制及纠正施工中所发现的设计问题等，保证竣工项目的各项施工结果与设计文件所规定的标准相一致。

第三，施工单位的质量控制目标，是通过施工过程的全面质量自控，保证交付的建设工程产品符合施工合同及设计文件所规定的质量标准（含建设工程质量创优要求）。

第四，监理单位在施工阶段的质量控制目标，是通过审核施工质量文件，采取现场旁站、巡视等形式，应用施工指令和结算支付控制等手段，履行监理职能、监控施工承包单位的质量活动行为，以保证工程质量达到施工合同和设计文件所规定的质量标准。

第五，供货单位的质量控制目标，是严格按照合同约定的质量标准提供货物及相关单据，对产品质量负责。

## 五、施工质量计划的编制

质量计划是针对某项产品、项目或合同，制定专门的质量措施、资源和活动顺序的文件，是企业向顾客表明质量管理方针、目标及其具体实现的方法、手段和措施，它体现了企业对质量责任的承诺和实施的具体步骤，是质量体系文件的重要组成部分，应按一定的规范格式进行编制。在确定编制依据、目的，引用文件和该工程质量目标后，应严格按编制内容进行具体描述。

### （一）施工质量计划的编制主体

施工质量计划的编制主体是施工承包企业，一般应在开工前由项目经理组织编制，主要是根据合同需要，对质量体系进行补充，必须结合工程项目的具体情况，对质量手册及程序文件没有详细说明的地方做重点描述。在总分包模式下，分包企业的施工质量计划是总包施工企业质量计划的组成部分，总包企业有责任对分包企业施工质量计划的编制进行指导和审核，并承担分包施工质量的连带责任。

### （二）施工质量计划的编制范围

施工质量计划的编制范围，应与建筑安装工程施工任务的实施范围一致，一般以单位工程进行编制。但对较大项目的附属工程，可以和主体工程同时进行编制，对结构相同的群体工程可以合并进行编制。

### （三）施工质量计划的基本内容

在已经建立质量管理体系的情况下，质量计划的内容必须全面地体现和落实企业质量管理体系文件的要求，同时结合本工程的特点，在质量计划中编写专项管理要求。施工质量计划的内容一般有以下几种：①工程特点及施工条件分析（合同条件、法规条件和现场条件）；②履行施工承包合同所必须达到的工程质量总目标及其分解目标；③质量管理组织机构、人员及资源配置计划；④为确保工程质量所采取的施工技术方案、施工程序；⑤材料设备质量管理及控制措施；⑥工程检测项目计划及方法等。

### （四）施工质量计划的审批与实施

施工质量计划编制完毕，应按照工程施工管理程序进行审批，包括施工企业内部的审批和项目监理机构的审查。通常，应先由企业技术领导审核批准，审查合同质量目标的合理性和可行性。然后，按施工承包合同的约定提交工程监理或建设单位批准确认后执行，施工企业应根据监理工程师审查的意见确定质量计划的调整、修改和优化，并承担相应的责任。

由于质量计划是质量体系文件的重要组成部分，质量计划中各项规定是否被执行是企业质量运行效果的直接体现。因此，对质量计划的实施情况加强检查是必要的。针对检查中发现的问题要及时作出不合格报告，并责令其制定纠正措施，最后再复查、闭合。

### （五）施工质量控制点的设置

质量控制点是施工质量控制的重点，一般指为了保证工序质量而需要进行控制的重点、关键部位或薄弱环节。它是保证达到工程质量要求的一个必要前提。通过对工程重要质量特性、关键部位和薄弱环节采取管理措施，实施严格控制，使工序保持在一个良好的受控状态，使工程质量特性符合设计要求和施工验收规范。

## 六、施工生产要素的质量控制

### （一）劳动主体的控制

要做到全面控制，就要以人为核心，加强质量意识，这是质量控制的首要工作。第一，施工企业应成立以项目经理的管理目标和管理职责为中心的管理架构，配备称职的管理人员，各司其职。第二，提高施工人员的素质，加强关于专业技术和操作技能的培训。第三，应该完善奖励和处罚机制，充分发挥全体人员的最大工作潜能。

### （二）材料质量的控制

材料（包括原材料、半成品、构件）是工程施工的物质条件，是建筑产品的构成因素，其质量好坏直接影响工程产品的质量。加强材料的质量控制是提高施工项目质量的重要保证。

对材料进行质量控制应做好以下工作：所有的材料都要满足设计和规范要求，并提供产品合格证明；要建立完善的验收及送检制度，杜绝不合格材料进入现场，更不允许不合格材料用于施工；实行材料供应“四验”（即验规格、验品种、验质量、验数量）、“三把关”（即材料人员把关、技术人员把关、施工操作者把关）制度；确保只有检验合格的原材料才能进入下一道工序，为提高工程质量打下一个良好的基础；建立现场监督抽检制度，按有关规定比例进行监督抽检；建立物资验证台账制度等。

### （三）施工工艺的控制

施工工艺水平是直接影响工程质量、进度、造价以及安全的关键因素。施工工艺的控制主要包括施工技术方案、施工工艺、施工组织设计、施工技术措施等方面的控制。施工工艺控制主要应注意以下几点：一是编制详细的施工组织设计与分项施工方案，对工程施工中容易发生质量事故的原因、防治、控制措施等做出详细的说明，选定的施工工艺和施工顺序应能确保工序质量。二是设立质量控制点，针对隐蔽工程的重要部位、关键工序和难度较大的项目等进行设置。三是建立三检制度，通过自检、互检、交接检，尽量减少质量方面的问题。四是在工程开工前编制详细的项目质量计划，明确本标段工程的质量目标，制定创优工程的各项保证措施等。

### （四）施工设备的控制

施工设备的控制主要应做好两个方面的工作：一是机械选择与储备。在选择机械设备时，应根据工程项目的特点、工程量、施工技术要求等，合理配置技术性能与工作质量良好、工作效率高、适合工程特点和要求的机械设备，并考虑机械的可靠性、维修难易程度、能源消耗以及安全、灵活等方面对施工质量的影响与保证条件，同时需要具有足够的机械储备，以防机械发生故障，影响工程进度。二是有计划地保养与维护。对进入施工现场的施工机械设备进行定期维修；加强机械设备管理，做到人机固定、定期保养和及时修理；建立强制性技术保养和检查制度，严禁使用没有达到完好度的设备。

### （五）施工环境的控制

施工环境主要包括工程技术环境、工程管理环境和劳动环境等。①工程技术环境的控制。工程技术环境包括工程地质、水文地质、气象等。根据工程技术环境的特点，合理安排施工工艺、进度计划。②工程管理环境的控制。应建立完善的质量管理体系和质量控制自检系统，落实质量责任制。③劳动环境的控制。劳动组合、作业场所、工作面等都是控制的对象。要做到各工种和不同等级工人之间互相匹配，避免停工窝工，尽量达到最高的劳动生产率；施工现场要干净整洁，真正做到工完场清，材料堆放整齐有序，材料的标识牌清晰明确，道路通畅等。

## 七、施工过程的作业质量控制

工程项目施工阶段是工程实体形成的阶段，建筑施工承包企业的所有质量工作都要在项目施工过程中形成。建设工程项目施工由一系列相互关联、相互制约的作业过程（工序）构成，因此施工作业质量直接影响工程建设项目的整体质量。从项目管理的角度来讲，施工过程的作业质量控制分为施工作业质量自控和施工作业质量监控两个方面。

### （一）施工作业质量自控

施工方是工程施工质量的自控主体。通过具体项目质量计划的编制与实施，能达成施工质量的自控目标。

施工作业质量的自控是由施工作业组织的成员进行的，一般按“施工作业技术的交底—施工作业活动的实施—作业质量的自检自查、互检互查、专职检查”的基本程序进行。工序作业质量是形成工程质量的基础，为了有效控制工序作业质量，应坚持以下要求。

①持证上岗，严格遵守施工作业制度。

②预防为主，主动控制施工工序活动条件的质量。

③重点控制，合理设置工序质量控制点。

④坚持标准，及时检查施工工序作业效果质量。

⑤制度创新，形成质量自控的有效方法。

⑥记录完整，做好施工质量管理的资料。

## （二）施工作业质量监控

建设单位、监理单位、设计单位及政府的工程质量监督部门，在施工阶段依照法律法规和工程施工合同，对施工单位的质量行为和质量状况实施监督控制。

建设单位和质量监督部门要在工程项目施工全过程中对每个分项工程和每道工序进行质量监督检查，尤其要加强对重点部位的质量监督评定、对质量控制点的监督把关；同时检查并督促单位工程质量控制的实施情况，检查质量保证资料和有关施工记录、试验记录；建设单位负责组织主体工程验收和单位工程完工验收，指导验收技术资料的整理归档。在开工前建设单位要主动向质量监督机构办理质量监督手续，在工程建设过程中，质量监督机构按照质量监督方案对项目施工情况进行不定期检查，主要检查工程各个参建单位的质量行为、质量责任制的贯彻落实情况、工程实体质量和质量保证资料。

设计单位应当就审查合格的施工图纸设计文件向施工单位做出详细说明，参与质量事故分析并提出相应的技术处理方案。

作为监控主体之一的项目监理机构，在施工作业过程中应通过旁站监理测量、试验、指令文件等一系列控制手段，对施工作业进行监督检查，实现其项目监理规划职能。

## 八、工程质量责任体系

在工程项目建设中，参与工程建设的各方，应根据我国颁布的《建设工程质量管理条例》以及合同、协议及有关文件的规定承担相应的质量责任。

### （一）建设单位的质量责任

第一，建设单位要根据工程特点和技术要求，按有关规定选择相应资质等级的勘察、设计、施工单位；在合同中必须有质量条款，明确质量责任，并真实、准确、齐全地提供与建设工程有关的原始资料。凡与建设工程项目的勘察、设计、施工、监理以及工程建设有关的重要设备、材料等的采购，均实行招标，依法确定程序和方法，择优选定中标者。不得将应由一个承包单位完成的建设工程项目肢解成若干部分发包给几个承包单位；不得迫使承包方以低于成本的价格竞标；不得任意压缩合理工期；不得明示或暗示设计单位或施工单位违反建设强制性标准，降低建设工程质量。建设单位对其自行选择的设计、施工单位发生的质量问题承担相应责任。

第二，建设单位应根据工程特点，配备相应的质量管理人员。对国家规定的强制实行监理的工程项目，必须委托有相应资质等级的工程监理单位进行监理。

第三，建设单位在工程开工前，负责办理有关施工图设计文件审查、工程施工许可证和工程质量监督手续，组织设计和施工单位认真进行设计交底；在工程施工中，应按国家现行有关工程建设法规技术标准及合同规定，对工程质量进行检查。涉及建筑主体和承重结构变动的装修工程，建设单位应在施工前委托原设计单位或者相应资质等级的设计单位提出设计方案，经原审查机构审批后方可施工。工程项目竣工后，应及时组织设计、施工、工程监理等有关单位进行施工验收，未经验收备案或验收备案不合格的，不得交付使用。

第四，建设单位按合同的约定负责采购供应的建筑材料、建筑构配件和设备，应符合设计文件和合同要求，对发生的质量问题，应承担相应的责任。

### （二）勘察、设计单位的质量责任

第一，勘察、设计单位必须在其资质等级许可的范围内承揽相应的勘察设计任务，不许承揽超越其资质等级许可范围的任务，不得将承揽工程转包或违法分包，也不得以任何形式、以其他单位的名义承揽业务或允许其他单位或个人以本单位的名义承揽业务。

第二，勘察、设计单位必须按照国家现行的有关规定、工程建设强制性技术标准和合同要求进行勘察、设计工作，并对所编制的勘察、设计文件的质量负责。勘察单位提供的地质测量、水文等勘察成果文件必须真实、准确。设计单位提供的设计文件应符合国家规定的设计深度要求，注明工程合理使用年限。设计文件中选用的材料、构配件和设备，应注明规格、型号、性能等技术指标，其质量必须符合国家规定的标准。除有特殊要求的建筑材料、专用设备、工艺生产线外，不得指定生产厂、供应商。设计单位应就审查合格的施工图文件向施工单位做出详细说明，解决施工中对设计提出的问题，负责设计变更；参与工程质量事故分析，并对因设计造成的质量事故提出相应的技术处理方案。

第三，注册建筑师、注册结构工程师等注册执业人员应当在设计文件上签字，对设计文件负责。

## （三）施工单位的质量责任

第一，施工单位必须在其资质等级许可的范围内承揽相应的施工任务，不许承揽超越其资质等级业务范围的任务，不得将承接的工程转包或违法分包，也不得以任何形式用其他施工单位的名义承揽工程，或允许其他单位或个人以本单位的名义承揽工程。

第二，施工单位对所承包的工程项目的施工质量负责。应建立健全质量管理体系，落实质量责任制，确定工程项目的项目经理、技术负责人和施工管理负责人。实行总承包的工程，总承包单位应对全部建设工程质量负责。建设工程勘察设计施工、设备采购的一项或多项实行总承包的，总承包单位应对其承包的建设工程或采购设备的质量负责；实行总分包的工程，分包单位应按照分包合同约定对其分包工程的质量负责，总承包单位对分包工程的质量承担连带责任。

第三，施工单位必须按照工程设计图纸和施工技术规范标准组织施工。未经设计单位同意，不得擅自修改工程设计。在施工中，必须按照工程设计的要求、施工技术规范标准和合同约定，对建筑材料构配件、设备和商品混凝土进行检验，不得偷工减料，不使用不符合设计和强制性技术标准要求的产品，不使用未经检验或检验不合格的产品。

## （四）建筑材料、构配件及设备生产或供应单位的质量责任

建筑材料、构配件及设备生产或供应单位对其生产或供应的产品质量负责。生产厂或供应商必须具备相应的生产条件、技术装备和质量管理体系，所生产或供应的建筑材料、构配件及设备的质量应符合国家和行业现行的标准和设计要求，并与说明书、包装上的质量标准相符，且应有相应的产品检验合格

证，设备应有详细的使用说明等。

### （五）工程监理单位的质量责任

第一，工程监理单位应按其资质等级许可的范围承担工程监理业务，不许超越本单位资质等级许可的范围或以其他工程监理单位的名义承担工程监理业务，不得转让工程监理业务，不许其他单位或个人以本单位的名义承担工程监理业务。

第二，工程监理单位应当选派具备相应资格的总监理工程师和监理工程师进驻施工现场。

第三，工程监理单位应依照法律法规及有关技术标准、设计文件和建设工程承包合同，与建设单位签订监理合同，代表建设单位对工程质量实施监理，并对工程质量承担监理责任。如果工程监理单位故意弄虚作假，降低工程质量标准，造成质量事故的，要承担法律责任。如果工程监理单位与承包单位串通，牟取非法利益，给建设单位造成损失的，应承担连带赔偿责任。如果监理单位在责任期内，不按照监理合同约定履行监理职责，给建设单位或其他单位造成损失的，属违约，应向建设单位赔偿。

### （六）工程质量检测单位的质量责任

第一，建设工程质量检测单位必须经省技术监督部门计量认证和省建设行政管理部门资质审查，方可接受委托，对建设工程所用建筑材料、构配件及设备进行检测。

第二，建筑材料、构配件检测所需试样，由建设单位和施工单位共同取样送试，或者由建设工程质量检测单位现场抽样。

第三，建设工程质量检测单位应当对出具的检测数据和鉴定报告负责。

第四，工程使用的建筑材料、构配件及设备质量，必须有检验机构或者检验人员签字的产品检验合格证明。

第五，在工程保修期内因建筑材料、构配件不合格出现的质量问题，是由建设工程质量检测单位提供错误检测数据导致的，由建设工程质量检测单位承担质量责任。

### （七）工程质量监督单位的质量责任

第一，根据政府主管部门的委托，受理建设工程项目的质量监督。

第二，制订质量监督工作方案，确定负责该项工程的质量监督工程师和助理质量监督师。根据有关法律法规和工程建设强制性标准，针对工程特点，明确监督的具体内容、监督方式。在方案中对地基基础、主体结构和其他涉及结构安全的重要部位和关键过程的监督做出详细计划安排，并将质量监督工作方案通知到各个建设、勘察、设计、施工、监理单位。

第三，检查施工现场工程建设各方主体的质量行为。检查施工现场工程建设各方主体及有关人员的资质或资格；检查勘察、设计、施工、监理单位的质量管理体系和质量责任制的落实情况；检查有关质量文件、技术资料是否齐全并符合规定。

第四，检查建设工程的实体质量。按照质量监督工作方案，对建设工程地基基础、主体结构和其他涉及安全的关键部位进行现场实地抽查，对用于工程的主要建筑材料、构配件的质量进行抽查。对地基基础分部、主体结构分部和其他涉及安全的分部工程的质量验收进行监督。

第五，监督工程质量验收。监督建设单位组织的工程竣工验收的组织形式、验收程序。判断在验收过程中提供的有关资料和形成的质量评定文件是否符合有关规定，实体质量是否存在严重缺陷，工程质量验收是否符合国家标准。

第六，向委托部门报送工程质量监督报告。报告的内容应包括对地基基础和主体结构质量检查的结论，工程施工验收的程序、内容和质量检验评定是否符合有关规定，以及历次抽查该工程的质量问题和处理情况等。

第七，对预制建筑构件和商品混凝土的质量进行监督。

## 九、工程质量管理制度

### （一）施工图设计文件审查制度

施工图审查是指国务院建设行政主管部门和省、自治区、直辖市人民政府建设行政主管部门委托设计审查机构，根据国家法律法规、技术标准与规范，对施工图的结构安全、强制性标准和规范执行情况等进行的独立审查。

#### 1.施工图审查的范围

建筑工程设计等级分级标准中的各类新建、改建、扩建的建筑工程项目均属审查范围。省、自治区、直辖市人民政府建设行政主管部门，可结合本地的实际情况，确定具体的审查范围。建设单位应将施工图报送建设行政主管部门，由其委托有关审查机构进行结构安全、强制性标准和规范执行情况等内容的审查。建设单位将施工图报请审查时，应同时提供下列资料：批准的立项文件或初步设计的批准文件、主要的初步设计文件、工程勘察成果报告、结构计算书及计算软件名称等。

#### 2.施工图审查的主要内容

第一，地基基础和主体结构是否安全、可靠，是否符合消防、节能、环保、抗震、卫生、人防等有关强制性标准、规范。第二，施工图是否达到规定的深度要求，是否损害公众利益。

### 3.施工图审查有关各方的职责

第一，国务院建设行政主管部门负责全国施工图审查管理工作。省、自治区、直辖市人民政府建设行政主管部门负责本行政区域内的施工图审查工作的具体实施和监督管理工作。

建设行政主管部门在施工图审查工作中主要负责制定审查程序、审查范围、审查内容、审查标准并颁发审查批准书；负责制定审查机构和审查人员条件，批准审查机构，认定审查人员；对审查机构和审查工作进行监督并对违规行为进行查处；对施工图设计审查负依法监督管理的行政责任。

第二，审查机构接受建设行政主管部门的委托，并对施工图设计文件涉及安全和强制性标准执行的情况进行技术审查。建设工程经施工图设计文件审查后因勘察设计原因发生工程质量问题的，审查机构应承担审查失职的责任。

第三，施工图审查程序。施工图审查的各个环节可按以下步骤办理：①建设单位向建设行政主管部门报送施工图，并作书面登记。②建设行政主管部门委托审查机构进行审查，同时发出委托审查通知书。③审查机构完成审查，向建设行政主管部门提交技术性审查报告。④审查结束，建设行政主管部门向建设单位发出施工图审查批准书。⑤报审施工图设计文件和有关资料应存档备查。

第四，施工图审查管理。施工图一经审查批准，不得擅自进行修改，如遇特殊情况需要审查主要内容的修改时，必须重新报请原审批部门，由其委托审查机构审查后再批准实施。建设单位或者设计单位对审查机构做出的审查报告如有重大分歧，可由建设单位或者设计单位向所在省、自治区、直辖市人民政府建设行政主管部门提出复查申请，由后者组织专家进行论证并做出复查结果。

施工图审查工作所需的经费，由施工图审查机构按有关收费标准向建设单位收取。建筑工程竣工验收时，有关部门应按照审查批准的施工图进行验收。建设单位要对报送的审查材料的真实性负责；勘察、设计单位对提交的勘察报告、设计文件的真实性负责，并积极配合审查工作。

### （二）工程质量监督制度

我国实行建设工程质量监督管理制度。工程质量监督管理的主体是各级政府建设行政主管部门和其他有关部门。

工程质量监督机构是经省级以上建设行政主管部门或有关专业部门考核认定，具有独立法人资格的单位。它受县级以上地方人民政府建设行政主管部门或有关专业部门的委托，依法对工程质量进行强制性监督，并对委托部门负责。

### （三）工程质量检测制度

工程质量检测工作是对工程质量进行监督管理的重要手段之一。工程质量检测机构是对建设工程、建筑构件、制品及现场所用的有关建筑材料、设备质量进行检测的法定单位。它是在建设行政主管部门领导和标准化管理部门指导下开展检测工作的，其出具的检测报告具有法定效力。法定的国家级检测机构出具的检测报告，在国内为最终裁定，在国外具有代表国家的性质。

检测机构的主要任务如下：①对正在施工的建设工程所用的材料、混凝土、砂浆和建筑构件等进行随机抽样检测，对本地建设工程质量主管部门和质量监督部门提出抽样报告和建议。②受建设行政主管部门委托，对建筑构件、制品进行抽样检测。对违反技术标准、失去质量控制的产品，检测单位有权向主管部门提供停止其生产的证明，不合格产品不准出厂，已出厂的产品不得使用。

### （四）工程质量保修制度

建设工程质量保修制度是指建设工程在办理交工验收手续后，在规定的保修期限内，因勘察、设计、施工、材料等原因造成的质量问题，要由施工单位负责维修、更换，由责任单位负责赔偿损失。质量问题是指工程不符合国家工程建设强制性标准、设计文件以及合同中对质量的要求。

建设工程承包单位在向建设单位提交工程竣工验收报告时，应向建设单位出具工程质量保修书，质量保修书中应明确建设工程保修范围、保修期限和保修责任等。

建设工程在保修范围和保修期限内发生质量问题时，施工单位应当履行保修义务。保修义务的承担和经济责任的承担，应按下列原则处理：①施工单位未按国家有关标准、规范和设计要求施工，造成的质量问题，由施工单位负责返修并承担经济责任。②由于设计方面的原因造成的质量问题，先由施工单位负责维修，其经济责任按有关规定通过建设单位向设计单位索赔。③因建筑材料、构配件和设备质量不合格引起的质量问题，先由施工单位负责维修，其经济责任属于施工单位采购的，由施工单位承担；属于建设单位采购的，由建设单位承担。④因建设单位（含监理单位）错误管理造成的质量问题，先由施工单位负责维修，其经济责任由建设单位承担，如属监理单位的责任，则由建设单位向监理单位索赔。⑤因使用单位使用不当造成的损坏问题，先由施工单位负责维修，其经济责任由使用单位自行承担。⑥因地震、洪水、台风等不可抗拒原因造成的损坏问题，先由施工单位负责维修，建设参与各方根据国家具体政策分担经济责任。

# 第六章　建筑工程施工项目施工质量验收

## 第一节　建筑工程质量验收标准

### 一、工程建设标准基本知识

#### （一）工程建设标准的概念

工程建设标准是对工程建设活动中重复的事物和概念所做的统一规定，它以科学技术和实践经验的综合成果为基础，经有关方面协商，由主管机构批准，以特定的形式发布，作为共同遵守的准则和依据。需要指出的是，工程建设过程中经常使用的“标准”“规范”“规程”等技术文件，实际上都是标准的不同表现形式而已。

#### （二）工程建设标准的性质

在工程建设标准方面，我国实行强制性标准与推荐性标准并行的双轨制，近年又增加了强制性条文这一层次。这三类标准规范可概括地以“行政性”“推荐性”和“法律性”来表达其执行力度上的差别。

强制性标准（GB、JGJ、DB）：由政府有关部门以文件形式公布的标准规范。它有文件号及指定管理的行政部门，带有“行政命令”的强制性质。

推荐性标准（CECS、GB/T、JGJ/T）：20 世纪 70 年代后，我国开始实行由行业协会、学会来编制、管理标准的做法。由非官方的中国工程建设标准化协会（CECS）编制了一批标准、规范。其特点是“自愿采用”，故带有推荐性质。标准的约束力是通过合同、协议的规定而体现的。作为强制性标准的补充，它起到了及时推广先进技术的作用；并且可以补充大规范难以顾及的局部，从而起到了完善规范体系的作用。

强制性条文：具备一定法律性质的强制性标准的个别条文。

### （三）工程建设标准的分类（等级）

国家标准（GB）：在全国范围内普遍执行的标准规范。

行业标准（JGJ）：在建筑行业范围内执行的标准规范。

地方标准（DB）：在局部地区、范围内执行的标准规范。一般是经济发达地区为反映先进技术，或为适应具有地方特色的建筑材料而制定的。

企业标准（QB）：仅适用于企业范围内。一般是反映企业先进的或具有专利性质的技术，或专为满足企业的特殊要求而制定的。企业标准属于企业行为，国家并不干预。

### （四）工程建设标准的作用

基础标准：所有技术问题都必须服从的统一规定。如名词、术语、符号、计量单位、制图规定等。这是技术交流的基础。

应用标准：为指导工程建设中的各种行为所制定的规定，如规划、勘察、设计、施工等。绝大多数工程建设标准规范属于此类。

验评标准：对建筑工程的质量通过检测加以确认，以作为可投入使用的依据，由此而制定的规定为检验评定标准。这也是工程建设标准规范体系中不可缺少的一环。

### （五）工程建设标准的管理

标准编制：第一次制定标准规范称为“编制”。公布时赋予固定不变的编号。

标准修订：为适应技术进步，标准规范需要不断进行修订。我国《中华人民共和国标准化法》和《中华人民共和国标准化法实施条例》规定 10 年左右进行一次全面修订，其间还可根据具体情况进行若干次局部修订。

标准之间的服从关系：下级标准服从上级标准；推荐标准服从强制标准；应用标准服从基础标准。“服从”意味着不得违反与上级标准有关的原则和规定。但“服从”不等于“替代”。在上级标准中未能反映的属于发展性的先进技术或未能概括的一些局部、特殊问题，下级标准可以超越或列入，但不能互相矛盾或降低要求。

标准之间的分工关系：在标准规范体系中，每本标准规范只能规定特定范围内的技术内容。所有标准规范都会明确指出其应用的范围。标准规范之间切忌交叉、重复。多头管理可能会造成标准规范之间的矛盾，必须加以避免。

标准之间的协调关系：技术问题往往交织成复杂的网络。每一本标准规范必然会发生与其相邻技术的相互配合问题。在分工的同时，要求相关标准规范在有关技术问题上互相衔接，即协调一致。最常用的衔接形式是“应符合现行有关标准的要求”或“应遵守现行有关规范的规定”等。当然，还应在正文或条文说明中明确列出相关标准规范的名称、编号等，以便应用。

标准的管理、解释和出版发行：标准规范发布文件中均明确规定了标准的管理、解释和出版发行单位。一般由行政部门或协会管理；由主编单位成立管理组负责具体解释工作；由有关部门通过专业出版社进行出版发行，专业出版社通常为中国建筑工业出版社或中国计划出版社。

## 二、建筑工程施工项目质量验收规范体系

为了加强建筑工程质量管理，统一建筑工程施工项目质量的验收，保证工程质量，2001 年，我国住房和城乡建设部颁布了《建筑工程施工质量验收统一标准》（GB 50300—2001）①，并从 2002 年 1 月 1 日开始实施，这个标准连同 15 个施工质量验收规范，组成了一个技术标准体系，统一了房屋工程质量的验收方法、程序和质量标准。这个技术标准体系是将以前的施工及验收规范和工程质量检验评定标准合并，组成了新的工程质量验收规范体系。

该技术标准体系总结了我国建筑施工质量验收的实践经验，坚持了“验评分离、强化验收、完善手段过程控制”的指导思想。

“验评分离”将原验评标准中的质量检验与质量评定的内容分开，将原施工及验收规范中的施工工艺和质量验收的内容分开，将验评标准中的质量检验与施工规范中的质量验收衔接，形成工程质量验收规范。原施工及验收规范中的施工工艺部分，可作为企业标准或行业推荐性标准；原验评标准中的评定部分，主要是对企业操作工艺水平进行评价，可作为行业推荐标准，为社会及企业的创优评价提供依据。

“强化验收”是将原施工规范中的验收部分与验评标准中的质量检验内容合并，形成完整的工程质量验收规范。作为强制性标准，它是建设工程必须完

① 《建筑工程施工质量验收统一标准》（GB 50300—2001）已废止，现行标准为《建筑工程施工质量验收统一标准》（GB 50300—2013）。

成的最低质量标准，是施工单位必须达到的施工质量标准，也是建设单位验收工程质量所必须遵守的规定。

“强化验收”并非意味着施工质量就是看最后的结果，只要验收合格就可以。实际上，这里讲的“强化验收”并非特指工程竣工验收，而是指工序过程的验收。上一道工序没有验收就不能进入下一道工序，这与“事前控制，过程控制”的要求是一致的。

把“强化验收”片面理解为放弃对生产过程的质量控制是一种曲解。“强化验收”体现在：①强制性标准。②只设合格一个质量等级。③强化质量指标都必须达到规定的指标。④增加检测项目。

工程施工质量检测可分为基本试验、施工试验和竣工抽样试验三个部分。

基本试验具有法定性，其质量指标、检测方法都有相应的国家标准或行业标准。其方法、程序、设备仪器，以及人员素质都应符合有关标准的规定，其试验一定要符合相应标准方法的程序及要求，要有复演性，其数据要有可比性。

施工试验是施工单位进行内部质量控制的一种方式。判定质量时，要注意技术条件、试验程序和第三方见证，保证其统一性和公正性。

竣工抽样试验是确认施工检测的程序、方法、数据的规范性和有效性，为保证工程的结构安全和使用功能的完善提供数据。

# 第二节　建筑工程施工项目质量验收的划分

建筑工程产品的固定性和生产的流动性，产品生产周期长，生产时受外界因素影响大等导致了建筑工程产品的质量容易出现问题。建筑工程施工项目竣工后无法检查工程的内在质量，因此有必要对建筑工程施工项目质量验收进行划分。通过过程检验和竣工验收，实施施工过程控制和终端把关，确保工程质量达到预期目标。

## 一、单位工程的划分

单位工程的划分应根据下列原则确定：①将具备独立施工条件并具有独立使用功能的建筑物或构筑物作为一个单位工程。②对于规模较大的单位工程，可将其能形成独立使用功能的部分划分为一个子单位工程。

一个独立的、单一的建筑物或构筑物，具有独立施工条件且能形成独立使用功能的即为一个单位工程，例如一栋住宅楼、一个变电站等。

改革开放以来，随着经济发展和施工技术的进步，大量建筑规模较大的单体工程和具有综合使用功能的综合性建筑物涌现，几万平方米的建筑物比比皆是。这些建筑物的施工周期一般较长，受多种因素的影响（如后期建设资金不足，部分停建或缓建；投资者为追求最大的投资效益，在建设期间，需要将其中一部分提前建成使用；规模特别大的工程，一次性验收不方便等），可将此类工程划分为若干个子单位工程进行验收。

具有独立施工条件和独立使用功能是单位（子单位）工程划分的基本要求。子单位工程的划分一般根据工程的建筑设计分区、使用功能的显著差异、结构缝的设置等实际情况，在施工前由建设、监理、施工单位自行商议确定，据此收集整理施工技术资料并进行验收。比如一个公共建筑由50层主楼和5层配楼组成，作为商场的5层配楼施工完成后，可以作为子单位工程进行验收并先行使用。

## 二、分部工程的划分

分部工程的划分应遵循下列原则。

第一，可按专业性质、工程部位划分。在建筑工程的分部工程中，将原建筑电气安装分部工程中的强电和弱电部分独立出来，各为一个分部工程，称为建筑电气分部和智能建筑分部。修订时又增加了建筑节能分部，因此建筑工程划分为地基与基础、主体结构、建筑装饰装修、建筑屋面、建筑给水排水及采暖、建筑电气、智能建筑、通风与空调、建筑节能、电梯等十个分部。在单位工程中，不一定具备十个分部工程。

地基与基础分部工程包括设计标高±0.00以下的结构和防水工程。有地下室的工程，其首层地面下的结构（现浇混凝土楼板或预制楼板）以下的项目均纳入地基与基础分部工程；没有地下室的工程，墙体以防潮层分界，室内以地面垫层以下分界，灰土、混凝土等垫层应纳入装饰工程的建筑地面子分部工程；桩基础以承台上皮分界。

有地下室的工程，除了结构和地下防水工程列入地基与基础分部工程，其他地面、装饰、门窗等工程列入建筑装饰装修分部工程；地面防水工程列入建筑装饰装修分部工程。

第二，当分部工程较大或较复杂时，可按材料种类、施工特点、施工程序、专业系统及类别，将分部工程划分为若干子分部工程。随着生产、生活条件的提高，建筑物的内部设施也越来越多样化；建筑物相同部位的设计也呈多样化；新型材料大量涌现；施工工艺和技术发展，分项工程越来越多；等等，因此，按建筑物的主要部位和专业来划分分部工程已不适应当下的要求。所以，在分部工程中，应按相近工作内容和系统划分若干子分部工程，这样有利于正确评价建筑工程质量，也有利于验收。例如建筑装饰装修分部工程又划分为地面工程、抹灰工程、门窗工程、吊顶工程、轻质隔墙工程、饰面板工程、饰面砖工程、涂饰工程、裱糊与软包工程、细部工程等多个子分部工程。

## 三、分项工程的划分

分项工程可按主要工种、材料、施工工艺、设备类别进行划分。一个单位工程由开始施工准备工作到最后交付使用，要经过若干工序、若干工种的配合。为了便于控制、检查和验收每个工序和工种的质量，需要把工程分为分项工程。建筑与结构工程应按主要工种划分分项工程，也可按施工工艺和使用材料的不同进行划分。如混凝土结构工程按主要工种分为模板工程、钢筋工程、混凝土工程等分项工程；按施工工艺分为预应力工程、现浇结构工程、装配式结构工程等分项工程；砌体结构工程按材料分为砖砌体工程、混凝土小型空心砌块砌体工程、石砌体工程等分项工程。

建筑设备安装工程应按工种及设备类别等划分分项工程，同时也可按系统、区段来划分。如室外排水管网分为排水管道安装、排水管沟与井池等分项工程；热源及辅助设备安装分为锅炉安装、辅助设备及管道安装等分项工程。

地基基础中的土石方、基坑支护子分部工程及混凝土工程中的模板工程，虽不构成建筑工程实体，但它们是建筑工程施工项目中不可缺少的重要环节和必要条件，其施工质量不仅关系到工程能否施工和施工安全，也关系到建筑工程的质量，因此将其列入施工验收内容是必要的。

## 四、检验批的划分

检验批可根据施工、质量控制和专业验收的需要，按工程量、楼层、施工段、变形缝进行划分。分项工程划分成检验批进行验收，这种划分有利于及时纠正施工中出现的质量问题，确保工程质量，也符合施工实际需要。划分的好坏反映了工程质量管理水平的高低——划分得太小或太大都会增加工作量；大小相差悬殊时，其验收结果可比性较差。

多层及高层建筑工程中主体分部的分项工程可按楼层或施工段划分检验批，单层建筑工程的分项工程可按变形缝等划分检验批；地基基础分部工程中的分项工程一般划分为一个检验批，有地下室的基础工程可按不同地下层划分检验批；屋面分部工程中分项工程的不同楼层屋面可划分为不同的检验批；其他分部工程中的分项工程，一般按楼面划分检验批；对于工程量较小的分项工程，可统一划分为一个检验批；安装工程一般按一个设计系统或设备组分别划分为一个检验批；室外工程统一划分为一个检验批；散水、台阶、明沟等包含在地面检验批中。

# 第三节　建筑工程施工项目质量验收规定

建筑工程质量验收时，一个单位工程最多可划分为单位工程、子单位工程、分部工程、子分部工程、分项工程和检验批六个层次。对于每一个层次的验收，《建筑工程施工质量验收统一标准》（GB 50300—2013）只给出了合格条件，并没有给出优良标准。也就是说，现行国家质量验收标准为强制性标准，对于工程质量验收只设一个“合格”质量等级，工程质量在被评定为合格的基础上，希望有更高质量等级评定的，可按照另外制定的推荐性标准执行。

## 一、检验批质量验收规定

### （一）主控项目和一般项目的质量经抽样检验合格

#### 1.主控项目

主控项目的条文是必须达到的要求，是保证工程安全和使用功能的重要检验项目，是对安全、卫生、环境保护和公众利益起决定性作用的检验项目，是确定该检验批主要性能的检验项目。主控项目中所有子项目必须都符合各专业验收规范规定的质量指标，方能判定该主控项目质量合格。反之，只要其中某一子项甚至某一抽查样本检验后没有达到要求，即可判定该检验批质量为不合格，则该检验批拒收。换言之，当主控项目中某一子项甚至某一抽查样本的检查结果为不合格时，即行使对检验批质量的否决权。主控项目主要有以下内容。

第一，重要材料、构件及配件、成品及半成品、设备性能及附件的材质、技术性能等。检查出厂证明及试验数据，如水泥、钢材的质量，预制楼板、墙板、门窗等构配件的质量，风机等设备的质量等。检查出厂证明，其技术数据、项目应符合有关技术标准的规定。

第二，结构的强度、刚度和稳定性等检验数据、工程性能的检测。如混凝土、砂浆的强度，钢结构的焊缝强度，管道的压力试验，风管的系统测定与调整，电气的绝缘、接地测试，电梯的安全保护、试运转结果等。检查测试记录，其数据及项目要符合设计要求和相关验收规范规定。

第三，一些重要的允许偏差项目，必须控制在允许偏差限值之内。

2.一般项目

一般项目是指除主控项目以外，对检验批质量有影响的检验项目。当其中缺陷的数量超过规定的比例，或样本的缺陷程度超过规定的限度时，对检验批质量会产生影响。一般项目主要分为以下几种。

第一，允许有一定偏差的项目。用数据规定的标准，可以有个别偏差范围，最多不超过 20%的检查点可以超过允许偏差值，但也不能超过允许偏差值的 150%。

第二，对不能确定偏差值而又允许出现一定缺陷的项目，则以缺陷的数量来区分。如砖砌体预埋拉结筋留置间距的偏差、混凝土钢筋露筋等。

第三，一些无法定量而采用定性的项目。如碎拼大理石地面颜色协调，无明显裂缝和坑洼；卫生器具给水配件安装项目接口严密，启闭部分灵活；管道接口项目无外露油麻等。

### （二）具有完整的施工操作依据、质量检查记录

质量控制资料反映了检验批从原材料到最终验收的各施工工序的操作依据、检查情况以及保证质量所必需的管理制度等。对其完整性的检查，实际是对过程控制的确认，这是检验批合格的前提。

## 二、分项工程质量验收规定

### （一）分项工程所含的检验批均应符合规定

分项工程是由所含性质、内容一样的检验批汇集而成的，分项工程质量的验收是在检验批验收的基础上进行的，是一个统计过程，有时也有一些直接的验收内容，所以在验收分项工程时应注意以下几点。

第一，核对检验批的部位、区段是否全部覆盖分项工程的范围，是否有缺漏的部位没有验收到。

第二，一些在检验批中无法检验的项目，在分项工程中直接验收。

第三，检验批验收记录的内容及签字人是否正确、齐全。

### （二）分项工程所含的检验批的质量验收记录应完整

分项工程质量合格的条件比较简单，若分项工程的各检验批的验收资料文件完整，并且均已验收合格，则分项工程验收合格。

## 三、检验批与分项工程质量验收记录及填写说明

### （一）检验批质量验收记录及填写说明

检验批的质量验收记录由施工项目专业质量检查员填写，监理工程师（建设单位项目专业技术负责人）、组织项目专业质量检查员等进行验收。

在实际工程中，对于每一个检验批的检查验收，按各分部工程质量验收规范的规定，施工单位应填写相应的验收表格，先自行检查，并将检查的结果填在“施工单位检查评定记录”内，后报给监理工程师申请验收。监理工程师依然采用同样的表格，按规定的数量抽测，如果符合要求，就在“监理（建设）单位验收记录”内填写验收结果，这是一种形式。另外还有一种做法，即某分项工程检验批完成后，监理工程师和施工单位进行平行检验，由施工单位填写验收记录中的实测结果，由监理单位填写验收结论。

### （二）分项工程质量验收记录及填写说明

分项工程质量验收记录及填写说明如下。

第一，表名填上所验收分项工程的名称。

第二，表头及“检验批部位、区段”“施工单位检查评定结果”均由施工单位专业质量检查员填写，由施工单位的项目专业技术负责人检查后给出评价并签字，交监理单位或建设单位验收。

第三，监理单位的专业监理工程师（建设单位的专业负责人）应逐项审查，同意项填写“合格”或“符合要求”，不同意项暂不填写，待处理后再验收，但应做标记，注明验收和不验收的意见。如同意验收，应签字确认；如不同意验收，则要指出存在的问题，给出处理意见和完成时间。

## 四、分部（子分部）工程质量验收规定

### （一）分部（子分部）工程所含分项工程的质量均应验收合格

在实际验收中，这项内容也是一项统计工作。在做这项工作时应注意以下几点：第一，检查每个分项工程验收是否正确。第二，注意检查核对所含分项工程。第三，注意检查分项工程的资料是否完整。

### （二）质量控制资料应完整

质量控制资料完整是工程质量合格的重要条件，在分部工程质量验收时，应根据各专业工程质量验收规范的规定，对质量控制资料进行系统检查，重点检查资料的齐全、项目的完整、内容的准确和签署的规范这几个方面。

质量控制资料检查实际也是统计、归纳工作。在做这项工作时应注意以下几点。第一，核查和归纳各检验批的验收记录资料，检查核对其是否完整。有些对龄期要求较长的检测资料，若在分项工程验收时，尚不能及时提供，则应在分部（子分部）工程验收时进行补查。第二，检验批验收时，在确认检验批资料准确完整后，方能对其开展验收。对在施工中质量不符合要求的检验批、分项工程按有关规定进行处理后的资料进行归档审核。第三，注意核对各种资料的内容、数据及验收人员签字的规范性。对于建筑材料的复验范围，各专业验收规范都做了具体规定，检验时按产品标准规定的组批规则、抽样数量、检验项目进行，但有的规范另有不同要求，这一点在核查质量控制资料时须引起注意。

### （三）分部工程有关安全及功能的检验和抽样检测结果应符合有关规定

这项验收内容包括安全检测资料与功能检测资料两个部分。涉及结构安全及使用功能检验（检测）的要求，应按设计文件及各专业工程质量验收规范中的具体规定执行。抽测其检测项目在各专业质量验收规范中已有明确规定，在验收时应注意以下几个方面的工作。第一，检查各规范中规定的检测项目是否都进行了验收，不能进行检测的项目应该说明原因。第二，检查各项检测记录（报告）的内容、数据是否符合要求，包括检测项目的内容、所遵循的检测方法标准、检测结果的数据是否达到了规定的标准。第三，核查资料的检测程序、有关取样人、检测人、审核人、试验负责人，以及公章、签字是否齐全等。

### （四）观感质量验收应符合要求

观感质量验收是指在分部工程所含的分项工程完成后，在前三项检查的基础上，对已完工部分工程的质量，采用目测、触摸和简单量测等方法进行宏观检查的一种方式。

分部（子分部）工程观感质量验收，其检查的内容和质量指标包含在各个分项工程内。对分部工程进行观感质量的检查和验收，并不增加新的项目，只是转换一下视角，采用一种更直观、便捷、快速的方法，对工程质量从外观上做一次重复的、扩大的、全面的检查，这是由建筑施工特点所决定的。

在进行质量检查时，要注意在现场能全部看到工程的各个部位，能操作的应实地操作，观察其方便性、灵活性或有效性等；能打开观察的应打开观察，全面检查分部（子分部）工程的质量。

观感质量验收并不给出“合格”或“不合格”的结论，而是给出“好”“一般”“差”的总体评价。所谓“好”，是指在质量符合验收规范的基础上，能达到精致、流畅、匀净的要求，精度控制好；所谓“一般”，是指经观感质量检验能符合验收规范的要求；所谓“差”，是指勉强达到验收规范的要求，但质量不够稳定，离散性较大，给人以粗疏的印象。

观感质量验收中若发现有影响安全、功能的缺陷，有超过偏差限值或明显影响观感效果的缺陷，则对于此类缺陷不能评价，应处理后再进行验收。

评价时，施工企业应先自行检查合格后，由监理单位来验收，参加评价的人员应具有相应的资格，由总监理工程师组织，不少于三位监理工程师来检查，在听取其他参加人员的意见后，共同做出评价，但总监理工程师的意见应为主导意见。在做评价时，可分项目逐点评价，也可按项目进行大的方面的综合评价，最后对分部（子分部）做出评价。

## （五）分部（子分部）工程质量验收记录及填写说明

分部（子分部）工程质量应由总监理工程师（建设单位项目专业负责人）、组织施工项目经理和有关勘察、设计单位项目负责人进行验收。

分部（子分部）工程质量验收记录及填写说明如下。

### 1.表名及表头部分

（1）表名

分部（子分部）工程的名称填写要具体，写在分部（子分部）工程的前边，并划掉分部、子分部其一。

（2）表头部分

表头部分的工程名称要填写工程全称，与检验批、分项工程、单位工程验收表的工程名称一致。

2.验收内容

（1）分项工程

应按分项工程第一个检验批施工的先后顺序，将分项工程名称填上，在第二栏内分别填写各项工程实际的检验批数量，并将各分项工程评定表按顺序附在表后。

（2）质量控制资料

第一，按《建筑工程施工质量验收统一标准》（GB 50300—2013）中单位工程质量控制资料核查记录中的相关内容，来确定所验收的分部工程的质量控制资料项目，根据资料中检查的要求，逐项进行核查。

第二，能基本反映工程质量情况，达到保证结构安全和使用功能的要求，可通过验收。全部项目都通过的，可在施工单位检查评定栏内打“√”标注检查合格，并送监理单位或建设单位验收。监理单位总监理工程师组织审查，符合要求后，在验收意见栏内签注“同意验收”。

（3）安全和功能检验（检测）报告

第一，本项目指竣工抽样检测的项目，能在分部（子分部）工程中检测的，尽量放在分部（子分部）工程中检测。

第二，每个检测项目都通过审查，即可在施工单位检查评定栏内标注“检查合格”。由项目经理送监理单位或建设单位验收，监理单位总监理工程师或建设单位项目专业负责人组织审查，符合要求后，在验收意见栏内签注“同意验收”。

（4）观感质量验收

观感质量验收是由施工单位项目经理组织进行现场检查，经检查合格后，将施工单位负责填写的内容填写好，由项目经理签字后交监理单位或建设单位验收。

### 3.验收单位签字认可

表中列出的参与工程建设的责任单位的有关人员应亲自签名，以示负责，并方便追查质量责任。

## 五、单位（子单位）工程质量验收规定

### （一）单位（子单位）工程质量验收合格条件

#### 1.单位（子单位）工程所含分部（子分部）工程的质量均应验收合格

这项工作，总承包单位应事先认真准备，将所有分部、子分部工程质量验收的记录表及时进行收集整理，并列出目次表，依序将其装订成册。在核查及整理过程中，应注意以下几点：第一，核查各分部工程中所含的子分部工程是否齐全。第二，核查各分部、子分部工程质量验收记录表的质量评价是否完善。如分部、子分部工程质量的综合评价，质量控制资料的评价，地基与基础、主体结构和设备安装分部、子分部工程的有关安全及功能的检测和抽测项目的检测记录，以及分部、子分部观感质量的评价等。第三，核查分部、子分部工程质量验收记录表的验收人员是否为规定的有相应资质的技术人员，并进行评价和签认。

#### 2.质量控制资料应完整

第一，建筑工程质量控制资料是反映建筑工程施工项目过程中各个环节工程质量状况的基本数据和原始记录，反映完工项目的测试结果和记录。这些资料是反映工程质量的客观见证，是评价工程质量的主要依据。工程质量资料是工程的“合格证”和技术的“证明书”。

第二，单位（子单位）工程质量验收时，质量控制资料应完整，总承包单位要对各分部（子分部）工程应有的质量控制资料进行核查。图纸会审及变更记录，定位测量放线记录，施工操作依据，原材料、构配件等质量证书，按规定进行检验的检测报告，隐蔽工程验收记录，施工中的有关试验、测试、检验等，以及抽样检测项目的检测报告等，由总监理工程师进行核查确认，可按单位工程所包含的分部、子分部分别核查，也可综合抽查。其目的是对建筑结构、设备性能、使用功能方面等主要技术性能的检验。

第三，由于每个工程的具体情况不一，因此资料是否完整，要视工程特点和已有资料的情况而定。总之，有一点是验收人员应掌握的，即看其是否可以反映工程的结构安全和使用功能，是否达到设计要求。如果资料能反映该工程的结构安全和使用功能，能达到设计要求，则可认为它是完整的；否则，不能判定为完整。

### 3.单位（子单位）工程所含分部工程有关安全和功能的检测资料应完整

第一，在分部、子分部工程中提出了一些检测项目，在分部、子分部工程检查和验收时，应进行检测来保证和验证工程的综合质量和最终质量。这种检测（检验）应由施工单位施行，检测过程中可请监理工程师或建设单位有关负责人参加监督检测工作，达到要求后，形成检测记录并签字认可。在单位工程、子单位工程验收时，监理工程师要对各分部、子分部工程应检测的项目进行核对，对检测资料的数量、数据及使用的检测方法、检测标准、检测程序进行核查，并核查有关人员的签认情况等。

第二，这种对涉及安全和使用功能的分部工程检验资料的复查，不仅要全面检查其完整性，还要复核分部工程验收时补充进行的见证抽样检验报告。这种强化验收的手段体现了对安全和主要使用功能的重视。

### 4.主要功能项目的抽查结果应符合相关专业质量验收规范的规定

第一，使用功能的检查是对建筑工程和设备安装工程最终质量的综合检验，也是用户最为关心的内容。因此，在分项、分部工程验收合格的基础上，在竣工验收时再做全面检查。通常主要功能抽测项目应为有关项目最终的综合性的使用功能，如室内环境检测、屋面淋水检测、照明全负荷试验检测、智能建筑系统运行等。

第二，抽查项目是在检查资料文件的基础上由参加验收的各方人员商定，并用计量、计数的抽样方法确定检查部位。检查要求按专业工程施工质量验收标准进行。

### 5.观感质量验收应符合要求

单位工程观感质量的验收方法和内容与分部、子分部工程的观感质量评价一样，只是分部、子分部工程的范围小一些而已。一些分部、子分部工程的观感质量，在单位工程检查时就已经看不到了。所以单位工程的观感质量更宏观一些，其内容按各有关检验批的主控项目、一般项目的有关内容综合掌握，给出“好”“一般”“差”的评价。

## （二）单位（子单位）工程质量验收记录及填写说明

单位（子单位）工程质量验收记录包括：单位工程质量竣工验收的汇总表，单位（子单位）工程质量控制资料核查记录，单位（子单位）工程安全和功能检验资料核查及主要功能抽查记录，单位（子单位）工程观感质量检查记录。

验收记录由施工单位填写，验收结论由监理（建设）单位填写。综合验收结论由参加验收的各方共同商定，由建设单位填写，综合验收结论应对工程质量是否符合设计和规范要求，以及是否能够达到总体质量水平做出评价。

单位（子单位）工程质量验收记录填写说明如下。

第一，单位工程质量验收也称质量竣工验收，是建筑工程投入使用前的最后一次验收，也是最重要的一次验收。

第二，单位（子单位）工程质量验收由五部分内容组成，每一项内容都有自己的专门验收记录表，而单位（子单位）工程质量竣工验收记录表是一个综合性的表，是在各项验收合格后填写的。

第三，单位（子单位）工程由建设单位（项目）负责组织施工，设计、监理单位（项目）负责人进行验收。单位（子单位）工程验收由参加验收单位盖公章，并由负责人签字。

## 第四节　建筑工程施工项目质量验收的程序和组织以及特殊处理

### 一、建筑工程施工项目质量验收的程序和组织

#### （一）检验批及分项工程的验收程序和组织

检验批应由专业监理工程师组织施工单位项目专业质量检查员、专业工长等进行验收。分项工程应由专业监理工程师组织施工单位项目专业技术负责人等进行验收。

检验批和分项工程是建筑工程质量的基础，因此所有检验批和分项工程均

应由专业监理工程师组织验收。验收前，施工单位要先填好“检验批或分项工程的质量验收记录”（有关监理记录和结论不填），并由项目专业质量检验员和项目专业技术负责人分别在检验批和分项工程质量检验记录中的相关栏目签字，再由监理工程师组织，严格按规定程序进行验收。

对于政策允许的建设单位自行管理的建筑工程，由建设单位项目技术负责人组织验收。在施工过程中，监理工程师应加强对工序进行质量控制，设置质量控制点，做好旁站和巡视，未经过检查认可，不得进行下道工序的施工。检验批完成后，施工单位专业质量检查员进行自检，这是企业内部质量部门的检查，能够保证企业生产合格的产品。企业的专业质量检查员必须掌握企业标准和国家质量验收规范的规定，须经过培训并持证上岗。施工单位检查评定合格后，监理工程师再组织验收。如果有的项目不能满足验收规范的要求，应及时让施工单位进行返工或返修。

分项工程所含的检验批都验收合格后，再进行分项工程验收。施工单位应在自检合格后，填写分项工程报验表，监理工程师再组织施工单位有关人员对分项工程进行验收。

### （二）分部工程的验收程序和组织

分部工程应由总监理工程师组织施工单位项目负责人和项目技术负责人等进行验收。

勘察、设计单位项目负责人和施工单位技术、质量部门负责人应参加地基与基础分部工程的验收。

设计单位项目负责人和施工单位技术、质量部门负责人应参加主体结构、节能分部工程的验收。

分部工程作为单位工程的组成部分，其质量影响单位工程的验收。因此，分部工程完工后，应由施工单位项目负责人组织自行检查，合格后向监理单位提出申请。工程监理实行总监理工程师负责制，因此分部工程应由总监理工程师组织施工单位的项目负责人、项目技术负责人及有关人员进行验收。

由于地基与基础、主体结构工程要求严格，技术性强，关系到整个工程的安全，为保证质量，应该严格把关。按规定，勘察、设计单位的项目负责人应参加地基与基础分部工程的验收；设计单位的项目负责人应参加主体结构、节能分部工程的验收；施工单位技术、质量部门的负责人也应参加地基与基础、主体结构、节能分部工程的验收。

除了规定的人员必须参加验收，还允许其他相关人员共同参加验收。勘察、设计单位项目负责人应为负责本工程项目的专业负责人，不应由与本项目无关或不了解本项目情况的其他人员、非专业人员代替。

### （三）单位工程的验收程序和组织

单位工程完工后，施工单位应组织有关人员进行自检。总监理工程师应组织各专业监理工程师对工程质量进行竣工预验收。当存在施工质量问题时，应由施工单位整改。整改完毕后，由施工单位向建设单位提交工程竣工报告，申请工程竣工验收。

单位工程完成后，施工单位应首先依据验收规范、设计图纸等组织有关人员进行自检，对检查结果进行评定并做出必要的整改。

监理单位应根据《建设工程监理规范》（GB/T 50319—2013）的要求对工程进行竣工预验收。总监理工程师组织各专业监理工程师对竣工资料和各专业工程的质量进行检查，对于检查出来的问题，应督促施工单位及时进行整改。对于需要进行功能试验的项目（如单机试车），监理工程师应督促施工单位及时进行试验并做好成品保护和现场清理。经项目监理机构验收合格后，总监理工程师签署工程竣工报验单，并向建设单位提出质量评估报告。

当存在施工质量问题时，应由施工单位及时整改。符合规定后由施工单位向建设单位提交工程竣工报告和完整的质量控制资料，申请建设单位组织竣工验收。

建设单位收到工程竣工报告后，应由建设单位项目负责人组织监理、施工、设计、勘察等单位项目负责人进行单位工程验收。

1.条文说明

单位工程质量验收应由建设单位项目负责人组织。由于勘察、设计、施工、监理单位都是责任主体，因此各单位项目负责人应参加验收，施工单位项目技术、质量负责人和监理单位的总监理工程师也应参加验收。此外，在修订时增加的勘察单位也应参加单位工程验收。

由于建设工程承包合同的签订主体是建设单位和总承包单位，因此总承包单位应按照承包合同规定的权利、义务对建设单位负责。总承包单位可根据需要，将工程的一部分依法分包给其他具有资质的单位，分包单位对总承包单位负责，亦应对建设单位负责。总承包单位对分包单位完成的项目是承担连带责任的。因此，单位工程中的分包工程完工后，分包单位对承建的项目进行检验时，总承包单位应参加检验，在检验合格后，分包单位应将工程的有关资料整理完整并移交给总承包单位。建设单位组织单位工程质量验收时，分包单位负责人应参加验收。

在一个单位工程中，对于满足生产要求或具备使用条件的子单位工程，施工单位已经自行检验、监理单位已经预验收的，建设单位可组织验收。由几个施工单位负责施工的单位工程，当其中的子单位工程已按设计要求完成并经自行检验后，也可按规定的程序组织正式验收，并办理交工手续。在整个单位工程验收时，已验收的子单位工程验收资料应作为单位工程验收的附件。

### 2.正式验收

建设单位收到施工单位的工程竣工报告和监理单位的质量评估报告后，应组织有关单位和相关专家成立验收组，制订验收方案，组织正式验收。

《房屋建筑和市政基础设施工程竣工验收规定》（建质〔2013〕171号）规定建设工程竣工验收应当具备下列条件：①完成工程设计和合同约定的各项内容。②施工单位在工程完工后对工程质量进行检查，确认工程质量符合有关法律、法规和工程建设强制性标准，符合设计文件及合同要求，并做出工程竣工报告。工程竣工报告应经项目经理和施工单位有关负责人审核签字。③对于委托监理的工程项目，监理单位需对工程进行质量评估，整理出完整的监理资料，并做出工程质量评估报告。工程质量评估报告应经总监理工程师和监理单位有关负责人审核签字。④勘察、设计单位对勘察、设计文件及施工过程中由设计单位签署的设计变更通知书进行检查，并做出质量检查报告。质量检查报告应经该项目勘察、设计负责人和勘察、设计单位有关负责人审核签字。⑤有完整的技术档案和施工管理资料。⑥有工程使用的主要建筑材料、建筑构配件和设备的进场试验报告，以及工程质量检测和功能性试验资料。⑦建设单位已按合同约定支付工程款。⑧有施工单位签署的工程质量保修书。⑨对于住宅工程，进行分户验收并验收合格，建设单位按户出具《住宅工程质量分户验收表》。⑩建设主管部门及工程质量监督机构责令整改的问题全部整改完毕。⑪法律、法规规定的其他条件。

在竣工验收时，对于某些剩余工程和缺陷工程，在不影响交付使用的前提下，经建设单位、设计单位、监理单位和施工单位协商，施工单位应在竣工验收后的限定时间内完成。

参加验收的各方对工程质量验收意见不一致时，应当尽可能协商，也可请当地建设行政主管部门或工程质量监督机构协调处理。

### 3.工程竣工验收备案

为了加强政府监督管理，防止不合格的工程流向社会，同时为了提高建设单位的责任心，督促建设单位搞好工程建设，确保工程质量和使用安全，建设单位应当自工程竣工验收合格之日起 15 日内，依照《房屋建筑和市政基础设施工程竣工验收备案管理办法》的规定，向工程所在地的县级以上地方人民政府建设主管部门备案。

建设单位办理工程竣工验收备案时应当提交下列文件：①工程竣工验收备案表。②工程竣工验收报告。工程竣工验收报告应当包括工程报建日期，施工许可证号，施工图设计文件审查意见，勘察、设计、施工、工程监理等单位分别签署的质量合格文件及验收人员签署的竣工验收原始文件，市政基础设施的有关质量检测和功能性试验资料以及备案机关认为需要提供的有关资料。③法律、法规规定应当由规划、环保等部门出具的认可文件或准许使用文件。④法律规定应当由公安消防部门出具的对大型的人员密集场所和其他特殊建设工程验收合格的证明文件。⑤施工单位签署的工程质量保修书。住宅工程还应当提交《住宅质量保证书》和《住宅使用说明书》。⑥法规、规章规定必须提供的其他文件。

备案机关发现建设单位在竣工验收过程中有违反国家有关建设工程质量管理规定行为的，应当在收讫竣工验收备案文件 15 日内，责令停止使用，重新组织竣工验收。

## 二、建筑工程施工项目质量验收的特殊处理

一般情况下，不合格现象在基层的最小验收单位检验批时就应及时发现并处理，所有质量隐患必须尽快消灭在萌芽状态，否则将影响后续检验批和相关的分项工程、分部工程的验收。但在非正常情况时应按下列规定进行处理。

第一，经返工或返修的检验批，应重新进行验收。这种情况是指在检验批进行验收时，其主控项目不能满足验收规范或一般项目超过偏差限值的子项不符合检验规定的要求时，应及时进行处理。其中严重的缺陷应重新施工；一般的缺陷应通过返修、更换予以解决。要允许施工单位在采取相应的措施后重新进行验收。如检验批能够符合相应的专业工程质量验收规范，则应认为该检验批合格。

第二，对于经有资质的检测机构检测鉴定能够达到设计要求的检验批，应予以验收。这种情况通常指当个别检验批发现问题，难以确定能否验收时，应请具有资质的法定检测机构进行检测鉴定。当鉴定结果认为能够达到设计要求时，该检验批可以通过验收。

第三，经有资质的检测机构检测鉴定达不到设计要求，但经原设计单位核算认可能够满足安全和使用功能的检验批，可予以验收。这主要是因为在一般情况下，标准、规范的规定是满足安全和使用功能的最低要求，而设计往往在此基础上留有一定的余量，所以有时会出现不满足设计要求而符合相应规范要求的情况。

第四，经返修或加固处理的分项、分部工程，当满足安全及使用功能要求时，可按技术处理方案和协商文件的要求予以验收。这种情况是指更为严重的缺陷或者超过检验批的更大范围内的缺陷，可能影响结构的安全性和使用

功能。若经法定检测机构检测鉴定后，认为其达不到规范的相应要求，即不能满足最低限度的安全储备和使用功能时，则必须进行加固处理，使之能满足安全使用的基本要求。这样可能会造成一些永久性的影响，如增大结构外形尺寸，影响一些次要的使用功能。但为了避免建筑物的整体或局部拆除，避免社会财富遭受更大的损失，在不影响安全和主要使用功能的条件下，可按技术处理方案和协商文件进行验收。

第五，工程质量控制资料应齐全完整。当部分资料缺失时，应委托有资质的检测机构按有关标准进行相应的实体检验或抽样试验。在实际工程中，偶尔会遇到因遗漏检验或资料丢失而导致部分施工验收资料不全的情况，使工程无法正常验收。对此可有针对性地进行工程质量检验，采取实体检测或抽样试验的方法确定工程质量状况。上述工作应由有资质的检测机构完成，检测机构出具的检验报告可用于施工质量的验收。

第六，经返修或加固处理仍不能满足安全或重要使用要求的分部工程及单位工程，严禁验收。分部工程、单位工程存在严重的缺陷，经返修或加固处理仍不能满足安全或重要使用功能的，将导致建筑物无法正常使用。为了保证人民群众的生命财产安全、社会的稳定，对于这类工程应严禁验收，更不能擅自投入使用。

# 参考文献


[1] 安沁丽，王磊，赵乃志. 建筑工程施工准备[M]. 2 版. 南京：南京大学出版社，2019.

[2] 北京土木建筑学会. 建筑工程施工安全技术交底记录[M]. 北京：冶金工业出版社，2015.

[3] 陈思杰，易书林. 建筑施工技术与建筑设计研究[M]. 青岛：中国海洋大学出版社，2020.

[4] 杜涛. 绿色建筑技术与施工管理研究[M]. 西安：西北工业大学出版社，2021.

[5] 龚晓南. 深基坑工程设计施工手册[M]. 北京：中国建筑工业出版社，1998.

[6] 郭荣俊. 基于建筑工程设计的施工技术分析[J]. 建材与装饰. 2019（34）：43-44.

[7] 胡婷婷. 建筑结构设计与施工研究[M]. 西安：西北工业大学出版社，2019.

[8] 胡楠楠，邱星武. 建筑工程概论[M]. 武汉：华中科技大学出版社，2016.

[9] 黄波. 绿色建筑与绿色施工技术研究[M]. 北京：地质出版社，2018.

[10] 黄家骏. 建筑工程概论[M]. 北京：清华大学出版社，2019.

[11] 嵇晓雷. 建筑施工组织设计[M]. 北京：北京理工大学出版社，2020.

[12] 贾小盼. 绿色建筑工程与智能技术应用[M]. 长春：吉林科学技术出版社，2020.

[13] 姜立婷. 绿色建筑与节能环保发展推广研究[M]. 哈尔滨：哈尔滨工业大

学出版社，2020.

[14] 焦丽丽. 现代建筑施工技术管理与研究[M]. 北京：冶金工业出版社，2019.

[15] 金礼. 建筑工程设计施工一体化的应用与展望[J]. 建材与装饰. 2015（6）.

[16] 雷平. 建筑施工组织与管理[M]. 北京：中国建筑工业出版社，2019.

[17] 李解，秦良彬. 建筑施工组织[M]. 成都：西南交通大学出版社，2021.

[18] 李树芬. 建筑工程施工组织设计[M]. 北京：机械工业出版社，2021.

[19] 刘成才，南大洲. 土木工程施工[M]. 西安：西北工业大学出版社，2020.

[20] 刘将. 土木工程施工技术[M]. 西安：西安交通大学出版社，2020.

[21] 刘开富. 建筑工程施工[M]. 北京：清华大学出版社，2020.

[22] 刘亚龙，干英俊. 绿色施工技术探究[J]. 中国建材科技. 2020，29（3）：137-138.

[23] 陆鼎铭. 绿色施工方案的编制与评价体系[M]. 南京：河海大学出版社，2016.

[24] 逯武. 探究高层建筑工程设计与施工中的关键问题[J]. 中国集体经济. 2009（36）：173.

[25] 马光明，陈绪功，李荣国，等. 绿色施工技术应用分析[J]. 福建质量管理. 2020（4）：232.

[26] 穆文伦，张玉杰. 建筑施工组织设计[M]. 武汉：武汉理工大学出版社，2020.

[27] 齐景华，王铁，阳小群. 建筑装饰施工技术[M]. 北京：北京理工大学出版社，2019.

[28] 乔兵兵. 简析 BIM 技术在建筑工程设计施工管理中的应用[J]. 建材与装饰. 2018（3）：91.

[29] 邱瑞颖，李思雨. 建筑工程设计与施工的发展方向[J]. 建材发展导向. 2020，18（15）：138.

[30] 冉茂宇，刘煜主. 生态建筑. [M]. 3 版. 武汉：华中科技大学出版社，2019.

[31] 任乐民. 装配式混凝土建筑建造技术[M]. 广州：华南理工大学出版社，2019.

[32] 师卫锋. 土木工程施工与项目管理分析[M]. 天津：天津科学技术出版社，2018.

[33] 师艳红，秦知华. 新型绿色节能技术在建筑工程施工中的应用[J]. 建设科技. 2016，（01）：70-71.

[34] 王东. 单位工程施工组织设计指导书[M]. 昆明：云南大学出版社，2016.

[35] 王光炎，吴迪. 建筑工程概论. [M]. 2 版. 北京：北京理工大学出版社，2021.

[36] 王华欣，金锦花. 绿色建筑与绿色施工初探[J]. 黑龙江科学. 2020，11（10）：104-105.

[37] 王军. 建筑工程设计与施工的发展方向[J]. 建材与装饰. 2019(31)：54-55.

[38] 王淑红. 建筑施工组织与管理[M]. 北京：北京理工大学出版社，2018.

[39] 王松. 房屋建筑构造[M]. 重庆：重庆大学出版社，2019.

[40] 吴能森. 土力学与基础工程[M]. 北京：中国建筑工业出版社，2019.

[41] 吴兴国. 绿色建筑和绿色施工技术[M]. 北京：中国环境科学出版社，2013.

[42] 杨春燕，王娟，余晓琨. 建筑施工组织[M]. 成都：西南交通大学出版社，2019.

[43] 杨文领. 建筑工程绿色监理[M]. 杭州：浙江大学出版社，2017.

[44] 杨靖宇. 绿色施工理论在装饰装修工程施工管理中的应用初探[J]. 河南

建材. 2019（03）：132-133.

[45] 叶爱崇，生金根. 主体结构工程施工[M]. 北京：北京理工大学出版社，2017.

[46] 俞家欢，杨千葶. 土木工程材料[M]. 北京：清华大学出版社，2021.

[47] 张蓓. 主体结构工程施工[M]. 北京：北京理工大学出版社，2018.

[48] 张清波，陈涌，傅鹏斌. 建筑施工组织设计. [M]. 3 版. 北京：北京理工大学出版社，2021.

[49] 张晓宁，盛建忠，吴旭. 绿色施工综合技术及应用[M]. 南京：东南大学出版社，2014.

[50] 赵永杰，张恒博，赵宇. 绿色建筑施工技术[M]. 长春：吉林科学技术出版社，2019.

[51] 郑晓燕，李海涛，李洁. 土木工程概论[M]. 北京：中国建材工业出版社，2020.

[52] 中国土木工程学会总工程师工作委员会. 绿色施工技术与工程应用[M]. 中国建筑工业出版社，2018.

[53] 周子良，汤留泉. 建筑装饰施工工艺[M]. 北京：中国轻工业出版社，2020.

[54] 朱桂春，龚志超. 建筑施工组织[M]. 南京：南京大学出版社，2019.